Rudolf E. Lang

Sehen

Wie sich das Gehirn ein Bild macht

Mit 68 Abbildungen

Reclam

Alle nicht anders gekennzeichneten Abbildungen und Tabellen stammen vom Autor.

Alle Rechte vorbehalten
© 2014 Philipp Reclam jun. GmbH & Co. KG, Stuttgart
Umschlaggestaltung: Stefan Schmid Design, Stuttgart
unter Verwendung eines Ausschnittes aus Leonardo da Vincis (1452–1519)
»La Gioconda« (Mona Lisa)
Gesamtherstellung: Reclam, Ditzingen
Printed in Germany 2014
RECLAM ist eine eingetragene Marke
der Philipp Reclam jun. GmbH & Co. KG, Stuttgart
ISBN 978-3-15-010991-5

Auch als E-Book erhältlich

www.reclam.de

Inhalt

Prolog

»NASA Beams Mona Lisa to Lunar Reconnaissance Orbiter at the Moon.« Mit dieser Schlagzeile setzte die amerikanische Luft- und Raumfahrtbehörde am 17. Januar 2013 die Öffentlichkeit davon in Kenntnis, dass es Wissenschaftlern am NASA Goddard Space Flight Center in Greenbelt, Maryland, gelungen sei, unserem nächsten Nachbarn, dem Mond, Bildmaterial per Laserlicht zu schicken. Als Beweis diente das Porträt einer Frau, das fast jeder Bewohner der zivilisierten Welt in seinem Kopf mit sich herumträgt: Leonardo da Vincis Mona Lisa. Die Forscher hatten ein Foto von ihr in 30 000 Bildschnipsel zerlegt, deren jeweilige Helligkeitswerte einem von viertausend Grautönen zugeordnet und dann zeitlich verschlüsselt in Form von Laserpulsen zur Raumsonde LRO geschossen. Diese umkreist seit 2009 im Abstand von 50 Kilometern den Erdtrabanten und funkt alles zur Erde, was ihre Sensoren auf ihm gesehen und gemessen haben. Dass die Dame, abgesehen von ein paar Kratzern, dort gut angekommen war, bestätigte ein Funkbild, das die Sonde nach ihrem Eintreffen aus den Lasersignalen rekonstruiert und dann, ganz konventionell, mittels Radiowellen wieder hinunter nach Maryland geschickt hatte.

Ein Triumph der Technik: 400 000 Kilometer war die Ikone unbeschadet durchs All gereist, bevor sie der Schirm des LRO-Teleskops in die Arme geschlossen und Photodioden ihr Licht in elektrischen Strom umgewandelt hatten.

Das Raumfahrtprogramm, das das Original im Musée du Louvre zu Paris tagtäglich absolviert, sieht bescheidener aus. Von der Sicherheitszelle in der Salle des États, wo sich die Mona Lisa dem Publikum präsentiert, zum Auge des Betrachters ist es nur ein Katzensprung. Gerät ihr Luftbild dabei in die Fänge einer der Kameras, die sich ihr entgegenrecken, widerfährt ihr das gleiche Schicksal wie der Kopie am Mond: Ihr Licht erstickt in einem Stück Silizium, und der Ausflug ist zu Ende. Schafft sie es aber durch die Pupille bis ins Auge, beginnt eine Reise, der gegenüber sich die Fahrt zum Mond wie eine öde Spritztour ausnimmt. Sie steht auf der Schwelle zu dem bunten Kosmos aus Bildern, Gefühlen, Erinnerungen und Erwartungen, den Milliarden von Nervenzellen im

Kopf eingerichtet haben und der unser ganz persönliches Tun und Handeln bestimmt.

So wie sich die Weltraumforscher mit Hilfe von Riesenteleskopen und Raumfähren immer weiter ins All vortasten, versucht die Hirnforschung mit ihren Werkzeugen in das neuronale Dickicht unter unserer Schädeldecke einzudringen. Sie will verstehen, wie die virtuelle Welt dort entsteht. Das Instrumentarium, auf das sie sich bei ihren Expeditionen stützt, braucht sich nicht hinter den Geschützen, mit denen die Astronomie den Gestirnen zu Leibe rückt, zu verstecken. Es besteht aus Sonden, mit denen der Nachrichtenverkehr zwischen Nerven und Hirnregionen abgehört werden kann, Rechnern, die die neuronalen Signale in eine verständliche Sprache übersetzen, Genfähren, mit denen sich Nerven über Lichtblitze an- und abschalten lassen, und apparativen Monstern, die in den Schädel hineinschauen und registrieren, wo im Gehirn es gerade besonders hektisch zugeht.

Der Zuwachs an Wissen, den der Einsatz dieser Werkzeuge der Hirnforschung in den letzten Jahren beschert hat, ist spektakulär. Und auf keinem Gebiet hat sie dabei so viele neue Erkenntnisse zur Arbeitsweise unseres Denkorgans gesammelt wie auf dem der visuellen Wahrnehmung. Sie versteht inzwischen nicht nur, wie das Auge Licht in Strom verwandelt, Konturen schärft und Farben mischt, sondern kennt auch die Wege, auf denen die Informationen an die Orte gelangen, wo sie in Wahrnehmung umgewandelt werden. Sie hat Karten mit dem Netz der Fertigungsstraßen angelegt, entlang derer Bildpunkte zu Linien, Linien zu Formen und Formen zu Gestalten zusammengesetzt werden. Sie weiß, an welchen Stätten die Montage von Gesichtern, Körpern oder Häusern erfolgt. Sie hat die Kontrollzentralen aufgespürt, die entscheiden, was aus der Flut der Informationen ausgewählt und was verworfen wird. Sie ist sogar bis zu den Archiven vorgestoßen, in denen das Gehirn vergangene Augenblicke aufbewahrt.

Das vorliegende Buch ist das Protokoll einer Kunstreise. Es begleitet die Madonna Lisa auf ihrem Weg von der Salle des États in den Kopf des Betrachters bis hin zu dem Moment, in dem sie ins Bewusstsein eintaucht. Das Terrain, durch das die Reise führt, ist das visuelle Gehirn. Dies nimmt mehr als ein Drittel der gesamten Großhirnrinde ein. Keinem anderen der fünf Sinne hat die Natur so viel

Arbeitsfläche eingeräumt. Obwohl die Wege in ihm verschlungen und voller Fallen sind, dauert die Reise nicht viel mehr als 200 bis 300 Tausendstel einer Sekunde, nur einen Augenblick also. Hat sich im Betrachter das Gefühl eingestellt, dass er es ist, dem Mona Lisas Lächeln gilt, ist das Ziel der Reise erreicht.

1. Pixelflug durch die Salle des États

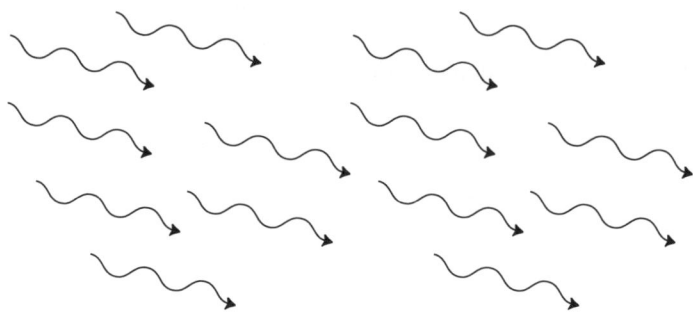

Wie von magnetischen Kräften angezogen fliegt das Bild der Mona Lisa jedem Besucher, der in der Salle des États des Louvre seinen Blick ihr zuwendet, entgegen. Wie funktioniert das? Regnet das Bild, wie der Begründer der klassischen Mechanik, Sir Isaac Newton, vermutete, in Form winziger Lichtteilchen herab, deren Einschläge die Netzhaut in Vibrationen versetzen? Oder pflanzt es sich in Wellen fort ähnlich dem Schall, indem es ein Medium namens Äther in Schwingungen versetzt, wie Christiaan Huygens glaubte? Die Verfechter der Teilchen- und der Wellentheorie einigten sich Anfang des 20. Jahrhunderts auf einen Kompromiss: Was die einzelnen Punkte auf Lisas Porträt dem Betrachter entgegenschleudern, ist beides zugleich, Teilchen und Welle. Es sind winzige, vibrierende Energiepakete, Photonen genannt, deren elektromagnetische Schwingungen dem Auge jeweils die Farbe und Helligkeit desjenigen Bildelementes mitteilen, das sie abgesandt hat. Bildelemente sind in der knappen Sprache der Wissenschaft Pixel (picture elements). Mobilisiert vom Licht der LED-Leuchten in der Decke schießen ihre Botschaften kreuz und quer durch die Salle des États. Im Kopf des Betrachters angekommen, werden sie in Bruchteilen von Sekunden zu dem Bild zusammengefügt, von dem das Gehirn glaubt, dass es der Wirklichkeit am nächsten kommt.

2. Verkehrte Welt

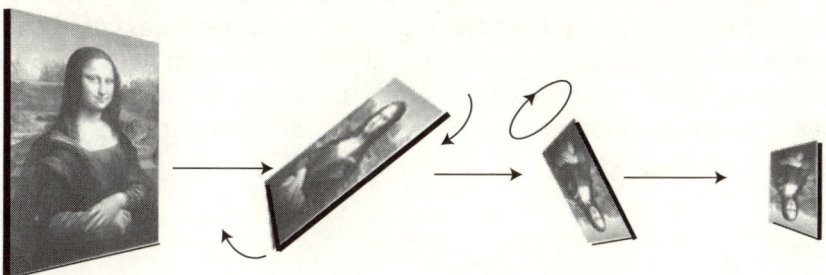

Jeder Punkt auf Mona Lisas Oberfläche wird unter Beleuchtung zu einer eigenen Lichtquelle. Die Strahlen, die von ihm ausgehen, breiten sich wie der Schein einer Kerze geradlinig nach allen Seiten in den Raum aus. Ein kleiner Ausschnitt dieser Strahlen gelangt durch die Pupille ins Auge des Betrachters. Wie dort ein getreues Abbild der Außenwelt entsteht, hat den Naturforscher Leonardo ein halbes Leben lang beschäftigt. Als Modell für seine Studien diente ihm eine Einrichtung, die heute jedem Besucher des Louvre in modernerem Design und in Kleinformat vor der Brust baumelt: die *Camera obscura*. Wie sehr er sie als Hilfsmittel zur Erforschung des Sehvorgangs schätzte, geht aus seinen Skizzenbüchern hervor. Mehr als 270 Diagramme finden sich darin, auf denen er den Verlauf der Lichtstrahlen darstellt, die ein beleuchtetes Objekt in das Innere der Kammer wirft. Dass dort die Bilder auf dem Kopf stehen und ihre Seiten verkehrt sind, weil sich die Lichtstrahlen nach Durchtritt durch die Öffnung überkreuzen und auf den gegenüber außen jeweils entgegengesetzten Seiten auftreffen, war ihm wohlbekannt. Die Frage, die ihn quälte, war: Wie stellt es das Auge an, dass das umgekehrte Bild, das es von der Außenwelt empfängt, aufrecht zum Sehnerv gelangt?

Ein Jesuit brachte Licht ins Dunkel. Der Mönch Christoph Scheiner stellte runde hundert Jahre nach Leonardo in einem verblüffend einfachen Experiment fest, dass die Bilder im Auge genau wie in der *Camera obscura* auf dem Kopf stehen. Er entfernte vom hinteren Pol eines Schafsauges, vor das eine Lichtquelle postiert war, die Lederhaut, so dass die Netzhaut durchschimmerte, und sah, dass dort die Lichtquelle auf dem Kopf stand. Das Auge schert sich also nicht um die Ausrichtung der Bilder in seinem Hintergrund. Es wirbelt die Bilder herum, vertauscht ihre Seiten und vertraut darauf, dass der Großrechner im Schädel, das Gehirn, mit der verkehrten Welt auf der Netzhaut schon zurechtkommen wird. Das Gehirn hat sich längst auf diese Form der Präsentation eingerichtet. Schließlich ist es ihr von Geburt an ausgesetzt.

3. Auf der Schwelle zum Gehirn

Der einzige Ort, an dem ein Stückchen Gehirn besichtigt werden kann, ohne den Schädel zu eröffnen, ist das Auge. Sieht man mit Hilfe einer Lichtquelle und einer Lupe durch die Pupille, so fällt der Blick auf die purpurrote Auskleidung des hinteren Augenabschnittes, die Netzhaut oder Retina. Sie bildet den äußersten Vorposten des Gehirns. Nasal zur Mitte steht darauf wie ein blasser Mond die *papilla nervi optici*, kurz »Papille« genannt, eine gelblich weiße Scheibe, die den Abgang des Sehnervs vom Augapfel markiert. Nur wenige Millimeter schläfenwärts davon entfernt liegt ein dunklerer Fleck, die *macula lutea*. In ihrem Zentrum befindet sich ein etwa einen halben Millimeter breites Grübchen, »Fovea« genannt. Der dichte Filz miteinander verkabelter Nervenzellen, der den Augenhintergrund wie eine Tapete auskleidet, weicht hier bis auf eine letzte, unterste Lage auseinander und gibt den Blick frei auf das Herzstück des Sehorgans, nämlich auf die Sinneszellen, die das Scharf- und Farbsehen vermitteln. Von oben besehen nehmen sich die dicht an dicht gereihten Leiber aus wie ein aus gleichförmigen Kacheln zusammengesetztes Bodenmosaik. Bei seitlicher Betrachtung entpuppen sie sich als langer Zylinder mit einer konusförmigen Ausziehung am oberen Ende, was ihnen die Bezeichnung »Zapfen« eingetragen hat.

Das Muster des Bodenmosaiks wandelt sich mit steigendem Abstand von der Fovea. Der Querdurchmesser der Zapfen nimmt zu, während sich ihre Zahl verringert zu Gunsten eines zweiten, erheblich schlankeren Zelltyps, der entsprechend seiner Form als »Stäbchen« bezeichnet wird. Im Gegensatz zur Gruppe der Zapfen vermitteln die Stäbchen keine Farbeindrücke, sondern dienen lediglich der Unterscheidung von Helligkeitswerten. Was sie vor den Zapfen auszeichnet, ist ihre phänomenale Lichtempfindlichkeit. Bereits einige wenige Photonen reichen aus, um sie zu aktivieren. Das ermöglicht es, sich noch bei Lichtstärken zurechtzufinden, die um mehrere Millionen unter denen eines hellen Sonnentages liegen. Die Zapfen benötigen dagegen einige Hundert Photonen, um in Erregung zu geraten. Begegnete man der Mona Lisa im Mondenschein, so wäre sie zwar schnell als Leonardos Meisterwerk erkannt. Der Kunstgenuss hielte sich jedoch in Grenzen, denn der Schönen fehlten die Farben.

Die Kunst des Santiago Ramón y Cajal

Um zu verstehen, was die Netzhaut mit den auf sie einprasselnden Lichtsignalen treibt, muss man ihren feingeweblichen Aufbau kennen. Das Skizzenbuch des großen spanischen Neuroanatomen Santiago Ramón y Cajal bietet sich als künstlerischer Einstieg an. Da ausgangs des 19. Jahrhunderts die Mikrofotografie noch nicht entwickelt war, sah sich Cajal gezwungen, alles das, was er unter dem Mikroskop entdeckte, ähnlich wie Leonardo, mit Stift und Pinsel zu Papier zu bringen. Die Meisterschaft, mit der er dabei zu Werke ging, verrät in ihm den Künstler, der zu werden ihm in jungen Jahren der Vater ausredete.

> »Bereits im Alter von acht oder neun Jahren war ich von dem unwiderstehlichen Drang besessen, Papier zu bemalen, im Dorf frische Wände, Türen und Fassaden mit allen möglichen Männchen, Militärszenen und Rinderherden zu beschmieren [...] aber ich konnte nicht zu Hause zeichnen, da meine Eltern Malen für einen verachtenswerten Zeitvertreib hielten. [...] Ich ging aufs Land [...] und kopierte Fuhrwerke, Pferde, Dorfbewohner und Landschaften, die ich interessant fand [...] und bewahrte sie auf wie einen Goldschatz.« (Ramón y Cajal, *Recollections of my Life*, MIT Press 1996, S. 36. Übersetzung des Zitats aus dem Englischen vom Autor.)

Ob aus Cajal, hätte er seinen Jugendtraum verwirklicht, ein großer Künstler geworden wäre, wissen wir nicht. Sicher ist, dass so aber der Welt ein genialer Forscher entgangen wäre. Sein Verdienst ist es, erstmals und unzweifelhaft nachgewiesen zu haben, dass die Nervenzellen im Gehirn nicht integraler Bestandteil eines kontinuierlichen Netzwerks sind, sondern selbständige Elemente darstellen, die äußerst gezielt mit anderen Nervenzellen über ihre Fortsätze in Kontakt treten. »Sie halten sich gegenseitig an den Händen«, wie er es ausdrückte. Die technischen Voraussetzungen zu seinen Arbeiten hatte ironischerweise Cajals wissenschaftlicher Gegenspieler, der Pathologe und erbitterte Verfechter der Synzytium-Theorie, Camillo Golgi, mit der Entdeckung geliefert, dass sich Nervenzellen samt Fasern mit Silbersalzen anfärben lassen. »Alles scharf, als handele es sich um eine chinesische Tuschezeichnung«, stellt Cajal enthusiastisch fest, als er zum ersten Mal das Verfahren in Madrid kennenlernt.

Seine Darstellung der Retina erscheint wie die Vorwegnahme der burlesken Malerei seines Landsmannes Joan Miró, der ein halbes Jahrhundert später die Kunstszene in Aufregung versetzen sollte. Man erkennt Zellen unterschiedlichster Gestalt und Größe, die mit langen achsen-zylindrischen Ausläufern den Körper anderer Zellen berühren oder über bäumchenartige Auswüchse anderen Fasern die Hand reichen. Was der Künstler und Forscher in seinem Werk zunächst noch als »nervöse Elemente« bezeichnete, nennt man heute Neuronen.

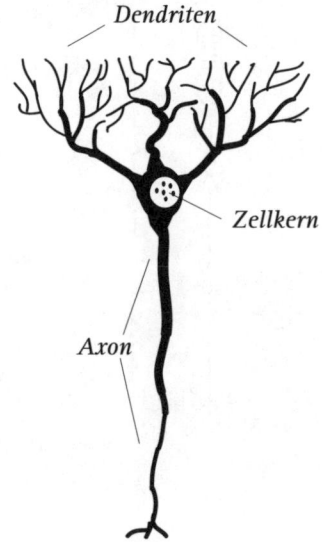

Neuron mit Dendritenbaum und Axon

Ein Neuron besteht aus einem Körper mit Zellkern sowie Fortsätzen, die Information aufnehmen, und solchen Fortsätzen, die sie abgeben können. Die Fasern zur Entgegennahme von Information werden »Dendriten«, die, über die Nachrichten an andere Zellen weitergeleitet werden, »Axone« genannt. Die Kontaktpunkte, an denen sich die Neurone dabei »anfassen«, werden auf Vorschlag des Physiologen Charles Scott Sherrington als »Synapsen« bezeichnet.

Die Netzhaut ist wie eine Torte aufgebaut

Auf Cajals die wahren Verhältnisse stark vereinfachender Darstellung ist gut zu erkennen, dass die Netzhaut kein einförmiges Gewebe darstellt, sondern sich ähnlich wie eine Torte aus mehreren Schichten zusammensetzt. Drei Lagen von Neuronen sind auf ihr im Querschnitt auszumachen. Deren Verkabelung erfolgt auf den beiden dazwischenliegenden Ebenen, die der Künstler jeweils durch einen dunklen Hintergrund hervorgehoben hat.

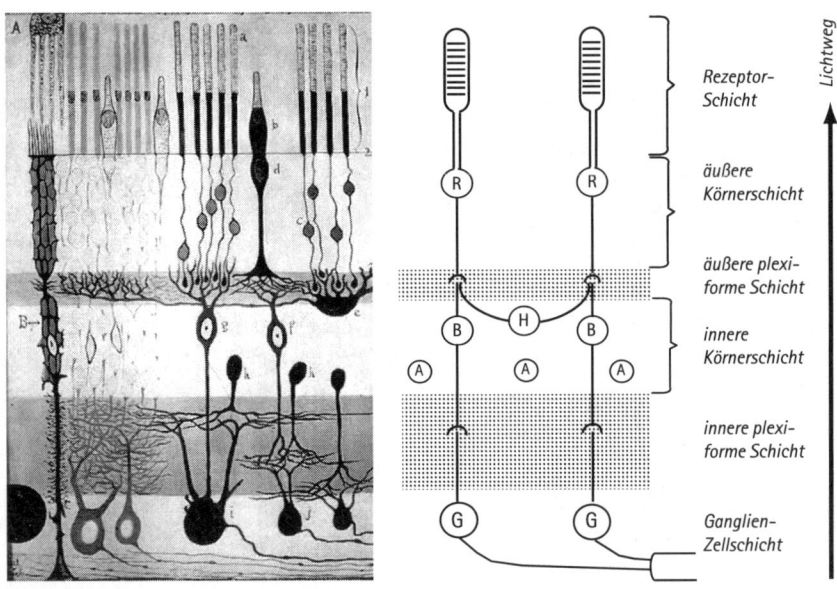

Links: Santiago Ramón y Cajal: Querschnitt durch die Netzhaut. Rechts: ein auf die Vernetzung der Foto-Rezeptor-Zellen (R), Bipolar-Zellen (B), Horizontal-Zellen (H) und Ganglienzellen (G) reduziertes Schaltbild. A = Amakrin-Zellen. Das Augeninnere befindet sich am unteren Bildrand. Das Licht muss, um zu den Fotorezeptoren zu gelangen, die verschiedenen Netzhautschichten passieren.

Zuoberst, also auf der dem Augeninneren abgewandten Seite, zeigt das Blatt ein Spalier aus teils flaschenförmigen, teils stabförmigen Zellen, die schon zu Cajals Zeiten der Wissenschaft unter der Bezeichnung »Zapfen« und »Stäbchen« bekannt waren. In ihrem oberen Segment werden, wie wir heute wissen, die Lichtquanten in Empfang genommen. Es stellt funktionell den eigentlichen Photorezeptor dar. Ihr unter einem inneren Segment gelegener Zellkörper enthält den Zellkern, der dem Verband der Zapfen und Stäbchen in der mikroskopischen Übersicht ein gekörntes Aussehen verleiht. Die Region bezieht daraus ihren Namen als äußere »Körnerschicht«.

Aus dem unteren Ende der Zapfen oder Stäbchen geht jeweils ein langes Axon hervor, das in der darunter befindlichen, dunkel hinterlegten Zone mit den nach oben gereckten Dendriten tiefer gelegener Zellen Verbindung aufnimmt. Dem komplexen Geflecht einander kontaktierender Nervenfasern entsprechend wird die Zone »äußere plexiforme Schicht« genannt.

Die nächste Schicht wird von Neuronen beherrscht, deren Dendriten und Axone den Zellkörper in streng vertikaler Ausrichtung von seinem nördlichen bzw. südlichen Pol verlassen. Diesem Bilde entsprechend wurden die Zellen von den Anatomen »bipolare Zellen« getauft.

Die bipolaren Zellen bilden die Brücke zwischen dem Ort der Rezeption des Lichtes, den Zapfen und Stäbchen, und der letzten neuronalen Station auf der Netzhaut, den »Ganglienzellen«. Diese stellt Cajal als größere oder kleinere runde Zellen dar, aus deren oberem Pol Bäumchen mit filigran verästelten Kronen hervorwachsen. Seitlich tritt aus ihrem Körper jeweils ein peitschenförmig geschwungenes, langes Axon hervor, das dem rechten Rand des Bildes zustrebt, um sich mit anderen zum Sehnerv zu vereinigen.

Wie man auf der Abbildung erkennt, erfolgt die Verschaltung von Zapfen, Stäbchen, bipolaren Zellen und Ganglienzellen nicht ausschließlich in vertikaler, d.h. in zum Lichteinfall paralleler Richtung. Unmittelbar unter der äußeren plexiformen Schicht ist ein krakenhaftes Wesen zu sehen, das seine Fangarme quer zum Weg des Lichtes ausstreckt. Solche Zellen werden entsprechend der Ausrichtung ihrer Kontakte als »horizontale Zellen« bezeichnet.

Knapp oberhalb der inneren plexiformen Schicht befinden sich weitere, auffallend kleine Zellkörper, deren Axone sich ebenfalls horizontal ausbreiten. Die Anatomen nennen sie »amakrine Zellen«, da sie nicht *makros* (für griechisch groß) sind.

Liest man das Blatt, wie wir es soeben getan haben, von oben nach unten, so entspricht dies dem Ablauf der Verarbeitung des Lichtes mit den Photorezeptoren als erste und den Ganglienzellen als letzte Station vor dem Datentransfer an den Großrechner Gehirn. Dass das Licht in der Netzhaut genau den entgegengesetzten Weg nimmt, also auf dem Bild von unten kommend erst nach Passage der Ganglienzell-, Körner- und plexiformen Schichten auf die Photorezeptoren trifft, erscheint auf den ersten Blick paradox. Die Anlage der Zapfen und Stäbchen nicht an der dem Augeninneren und damit dem Lichteinfall zu-, sondern der abgewandten Seite der Netzhaut hat mit der Funktion der sogenannten Pigmentzellen zu tun, die hinter der Reihe der Zapfen und Stäbchen eine lichtundurchlässige schwarze Barriere bilden. Eine dieser Zellen hat Cajal am linken oberen Rand des Bildes dargestellt. Ihre dunkle Färbung rührt von einem Pigment her, dem Melanin. Es verhindert die Entstehung von Streulicht, indem es die Lichtquanten schluckt, die die Rezeptoren der Zapfen und Stäbchen verfehlt haben. Darüber hinaus haben Pigmentzellen die wichtige Aufgabe, die Photorezeptoren mit dem Material zu versorgen, das für die Transformation der Lichtenergie in elektrische Energie benötigt wird, dem Sehfarbstoff.

Dass Cajals Darstellung noch einige Ungereimtheiten enthält, muss man dem »Vater der modernen Neurowissenschaften« nachsehen. Wie schwer es für ihn gewesen sein muss, sich mit seinen begrenzten technischen Mitteln in dem »dichten Wald« von Fasern innerhalb der beiden plexiformen Schichten zurechtzufinden, kann man erahnen, wenn man den Querschnitt einer realen Netzhaut unter dem Mikroskop betrachtet.

4. Aus Licht wird Strom

Experiment unter römischem Himmel

Die Entdeckung des Stoffes im Auge, auf dem Bilder wie das Siegel auf dem Wachs ihren Abdruck hinterlassen, ist dem klaren römischen Himmel in der zweiten Januarhälfte des Jahres 1876 und der Genialität eines 27-jährigen jungen Mannes zuzuschreiben, der diese lichten Tage für seine Forschungen zu nutzen verstand. Franz Christian Boll war gebürtiger Mecklenburger. Die Leitung des Laboratoriums für vergleichende Anatomie und Physiologie in Rom hatte er deshalb übernommen, weil er sich vom milden Klima Italiens eine Stärkung seiner durch eine Tuberkulose angeschlagenen Gesundheit erhoffte. Eines seiner ehrgeizigen wissenschaftlichen Ziele während dieses Aufenthaltes war es, die Funktion der Stäbchen bei der Aufnahme des Lichtes abzuklären.

Die Zellforscher bzw. Histologen hatten zu dieser Zeit unter ihren Mikroskopen bereits entdeckt, dass das Außensegment der Stäbchen plättchenartige Elemente enthält, die wie Geldrollen übereinandergeschichtet sind. Boll selbst hatte erkannt, dass die rote Farbe, die die Außensegmente der Stäbchen auszeichnet, ein Charakteristikum dieser Plättchen ist. Das samtene Rot, in dem bei Betrachtung des Augenhintergrundes die Netzhaut aufscheint, war nach seiner Überzeugung nicht auf den Blutfarbstoff in den Netzhautgefäßen zurückzuführen, sondern durch ebendiese Färbung der Stäbchenaußenglieder bedingt.

Der Gedanke, die rote Färbung könnte etwas mit der Aufnahme des Lichtes zu tun haben, kam Boll bei der Präparation der Retina aus einem Froschauge. Er stellte fest, dass diese, unmittelbar nachdem er sie bei Tageslicht als feines Häutchen mit der Pinzette aus einem halbierten Auge abgezogen hatte, noch rot war, dann aber binnen Sekunden abblasste, bis schließlich nur noch ein gelblicher Hauch zu sehen war. Nach seinen eigenen Worten war es nicht schwer, »das hier wirksame physiologische Moment zu erraten« und »auf das Licht als bestimmende Ursache zu verfallen«. Um diese Hypothese zu erhärten, beförderte er zwölf Frösche aus der Dunkelheit des Labors

an die Januarsonne, tötete sie in fünfminütigen Abständen und ent-
nahm ihnen ihre Augen. Im Gegensatz zu einem ähnlichen Versuch
im finsteren November des Vorjahres war schon nach den ersten 5 Minuten eine deutliche Abblassung des »Sehroths« zu verzeichnen, nach
10 Minuten Exposition bestand davon allenfalls noch ein schwacher
Schimmer, nach 15 Minuten hatte das Licht das gesamte Sehrot »auf-
gezehrt«. Zum endgültigen Beweis einer lichtinduzierten Transformation des Stäbchenfarbstoffes setzte er Froschaugen einer partiellen
Beleuchtung aus, indem er mit dem Pfeilgift Curare gelähmte Tiere
in den schmalen Lichtstreif setzte, den die Sonne durch einen Spalt
des geschlossenen Fensterladens warf. Seine Theorie wurde auf das
schönste bestätigt. Das Rot der Netzhaut war genau an der Stelle, an
der der Lichtstrahl auf sie traf, von einem hellen Streifen unterbro-
chen. In weiterführenden Versuchen stellte sich heraus, dass die blei-
chende Wirkung des Lichtes nicht gleichförmig über das Farbspekt-
rum verteilt ist. Das Sehrot erwies sich als äußerst widerstandsfähig
gegenüber Rot, war empfindlich gegenüber Gelb und schmolz binnen kürzester Zeit dahin, wenn es mit Licht aus dem Grünbereich be-
strahlt wurde.

Nach mehreren erfolglosen Versuchen, das »Erythroopsin«, wie er
das Sehrot nannte, aus der Netzhaut herauszulösen, entschied sich
Boll in aller Bescheidenheit, derartige Experimente denjenigen For-
schern zu überlassen, die »in diesen Dingen besser zu Hause sind als
ich«. Zu diesen Experten zählte zweifellos der Heidelberger Professor
für Physiologie und Physiologische Chemie Friedrich Wilhelm Kühne. Ihm gelang es erstmals, den von ihm in »Rhodopsin« umbenann-
ten Stäbchenfarbstoff mittels Gallensäuren aus der Netzhaut freizu-
setzen. Seine Lichtempfindlichkeit blieb auch im Reagenzglas erhalten, was Kühne die genauere Charakterisierung seiner chemischen
Natur ermöglichte. Boll konnte den Fortgang dieser Untersuchungen
nur noch wenige Jahre verfolgen, denn im Alter von nur 30 Jahren
erlag er in Rom seinem Lungenleiden.

Auf Kühne geht nicht nur die Bezeichnung »Rhodopsin« für den
Stäbchenfarbstoff zurück. Von ihm wurde auch der Begriff »Opto-
gramm« in die Welt gesetzt. Er hatte beobachtet, dass sich auf der
Retina von Kaninchen, nachdem sie wenigstens drei Minuten auf ein
Fenster gestarrt hatten, die Sprossen des Fensters abzeichneten. Fan-

tasiebegabte Kriminalisten schlugen anlässlich dieser Meldung vor, zukünftig auch die Retina von Mordopfern in die Indizienkette zur Überführung der Täter einzubeziehen. Vermutlich hatten sie dabei die sprichwörtliche Szene von dem Kaninchen im Kopf, das die letzten Minuten vor seiner Tötung damit verbringt, bewegungslos auf die Schlange zu starren.

Fotovoltaik in der Retina

Betrachtet man das äußere Segment eines Zapfens oder Stäbchens bei starker Vergrößerung unter dem Mikroskop, so fallen darin jene von Boll und Kühne als »Plättchen« bezeichneten Strukturen auf, die in den Zapfen infolge ihres Rhodopsingehaltes rot gefärbt erscheinen. Bei näherer Betrachtung erkennt man, dass es sich um zu Scheibchen zusammengepresste Säckchen handelt, die wie die Münzen einer Geldrolle die Außenglieder längs durchsetzen. Sie sind der Ort, an dem Lichtenergie in innerzelluläre Signale und schließlich

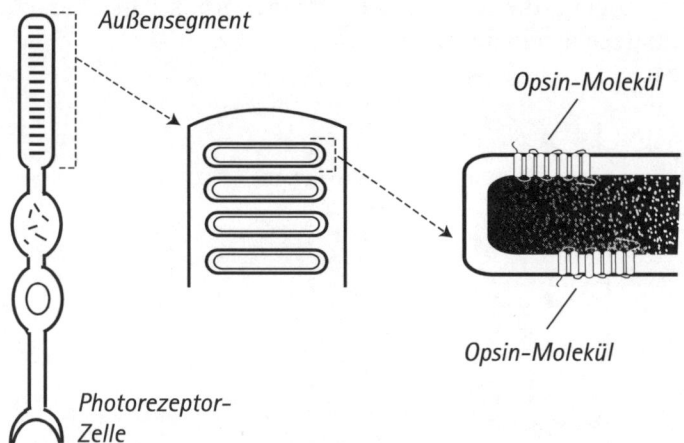

Die Außensegmente der Zapfen und Stäbchen enthalten als Disks bezeichnete flache Säckchen, in deren Wand mit Hilfe des Opsins die Umwandlung von Licht in Strom eingeleitet wird.

Strom umgewandelt wird. Das Instrument dazu, der Sehfarbstoff, sitzt in tausendfacher Ausführung in ihrer Wand. Er setzt sich aus zwei Komponenten zusammen, nämlich aus einem großen Eiweißkörper und einem winzigen Molekül, das zwischen seinen Schlingen verankert ist und die Photonen einfängt. Das Eiweiß wird in Anlehnung an das griechische Wort »Opsin« für Sehen *Opsis* genannt. Der Photonenfänger in seinem Inneren trägt die Bezeichnung »11-cis-Retinal«, was ihn als Abkömmling des Retinols, besser bekannt unter dem Namen »Vitamin A1«, kennzeichnet.

Die Opsinmoleküle stecken nicht wie Antennen in der Wand der Scheibchen, sondern winden sich insgesamt sieben Mal durch sie hindurch. Das im Vergleich zum Opsinmolekül winzige 11-cis-Retinal ist zwischen der dritten und siebten Windung des Opsins eingekeilt und stabilisiert dieses in Abwesenheit von Licht in seiner inaktiven Form. Am Ende des 11-cis-Retinals sitzt im stumpfen Winkel zu seiner Körperachse ein Ärmchen. Verfängt sich ein Photon im Retinal-Molekül, so schnellt das Ärmchen wie ein Signal nach oben. Aus 11-cis-Retinal ist dann all-trans-Retinal geworden. Die Energie des Photons war gerade groß genug, um das Ärmchen wie eine Tür aus den beiden Angeln, die eigentlich Elektronenorbits darstellen, zu heben und umgekehrt einzusetzen.

Verformung des Retinalmoleküls nach Aufnahme eines Photons.

Die Bewegung des Retinal-Ärmchens überträgt sich auf das Opsin-Molekül. Dessen Schlingen verändern ihre Position und bilden eine Tasche, in die nun ein passend geformter Eiweißkomplex, das Transducin, einrastet. Das Transducin ist der Zündschlüssel in dem als »Phototransduktion« bezeichneten Prozess der Lichtübertragung. Seine Verbindung mit dem Sehfarbstoff startet in der Zelle eine Enzymkaskade, an deren Ende die Inaktivierung eines in großen Mengen vorhandenen intrazellulären Botenstoffes, des zyklischen GMP, steht. Dieses ringförmige Molekül hält spezielle Kanälchen in der Zellmembran von Zapfen und Stäbchen offen, durch die positive Ladungsträger (Ionen) aus der Umgebung der Zelle ins Zellinnere strömen können.

Je heftiger der Photonenregen auf den Sehfarbstoff einprasselt, desto mehr zyklisches GMP wird in der Zelle abgebaut. Dementsprechend verringern sich die Zahl der offenen Kanälchen und somit auch der Ionenstrom, der über sie die Zellmembran passiert. Die daraus resultierende Ladungsumverteilung wird über einen neuronalen

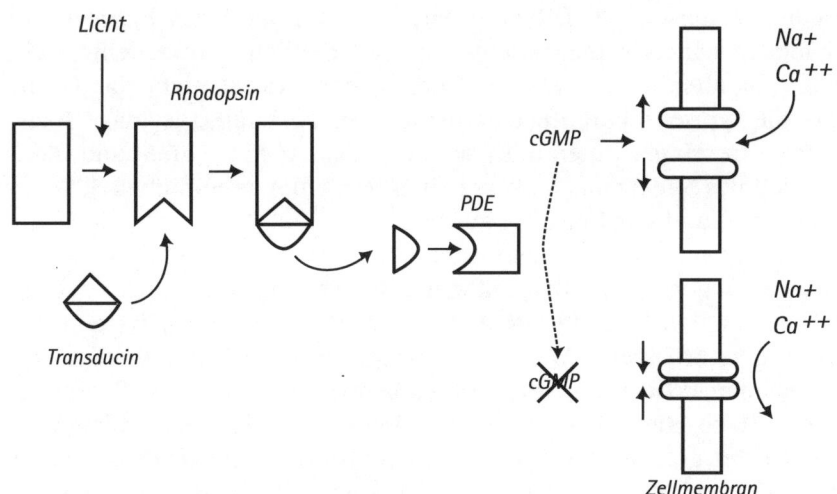

Die Stationen im Außensegment der Photorezeptoren, entlang derer die Umwandlung von Lichtenergie in einen von Ionen getragenen elektrischen Strom erfolgt. PDE = *Phophodiesterase*

Überträgerstoff den nachgeschalteten Bipolarzellen und über diese wiederum den Ganglienzellen mitgeteilt. Je weniger Photonen an Zapfen oder Stäbchen ankommen, umso mehr Überträgerstoff setzen sie an ihrer Verbindung zu den Bipolarzellen frei. Je größer die Helligkeit, der sie ausgesetzt sind, umso weniger geben sie Überträgerstoff ab. Einige Bipolarzellen stellen unter der Ausschüttung des Überträgerstoffes ihre Tätigkeit ein, andere werden in seiner Abwesenheit erst aktiv. Je nachdem, mit welcher der beiden Spezies sie in Kontakt stehen, feuern die nachgeschalteten Ganglienzellen damit entweder bei Licht oder Dunkelheit. Der Organismus wird so in die Lage versetzt, auf helle und dunkle Objekte gleich schnell und mit ähnlicher Intensität zu reagieren.

Warum mit Zapfen die Welt bunt erscheint

Bringt man den Opsin/11-cis-Retinal-Komplex der Stäbchen in Lösung, so erhält man, ähnlich wie von Friedrich Wilhelm Kühne beschrieben wurde, eine purpurrote Flüssigkeit, die bei Belichtung ins Gelbliche umschlägt. Dieser roten Farbe verdankt das Pigment der Stäbchen seinen Namen: »Sehpurpur« oder »Rhodopsin«. Die Bezeichnung ist allerdings etwas irreführend, denn es ist nicht das Opsin, das die typische Färbung hervorruft. Der Farbträger ist das 11-cis-Retinal in seinem Inneren. Es schluckt das Licht im Grün- und Blau-Bereich des Spektrums (also bei einer Wellenlänge von etwa 500 Nanometern) und wirft das Rot zurück.

Brächte man die Außenglieder der Zapfen in Lösung, so würde sich im Gegensatz zu den Stäbchen das Lösungsmittel nicht rot anfärben. Zapfen enthalten kein Rhodopsin, sondern jeweils eine der insgesamt drei beim Menschen nachgewiesenen Formen von Zapfenopsinen. Wie schon dem Rhodopsin dient auch den Zapfenopsinen 11-cis-Retinal als Photonenfänger. Trotzdem absorbieren sie nicht Licht gleicher Wellenlänge. Ihre Absorptionsmaxima liegen bei 430, 530 und 560 Nanometern. Zusammen mit Rhodopsin leiten sich die Zapfenopsine von einem gemeinsamen Urahnen her, was die hohe Übereinstimmung in der Abfolge ihrer Aminosäuren erklärt (ihr aus der DNA abgeleiteter Bauplan ist also sehr ähnlich). Sind die

Unterschiede in der Aminosäurezusammensetzung der Zapfenopsine auch gering, so reichen sie doch aus, um die Gestalt des integrierten 11-cis-Retinals jeweils so abzuwandeln, dass das Molekül vorzugsweise Licht entweder aus dem kurzwelligen, mittelwelligen oder langwelligen Bereich aufnimmt. Je nachdem, welchen Opsintyp ihr Sehfarbstoff enthält, werden Zapfen also entweder auf Blau, Grün oder Rot besonders empfindlich reagieren. Neben der Differenzierung von Farben können sie natürlich genau wie die Stäbchen aus der Dichte der einfallenden Photonen auf Helligkeitswerte schließen.

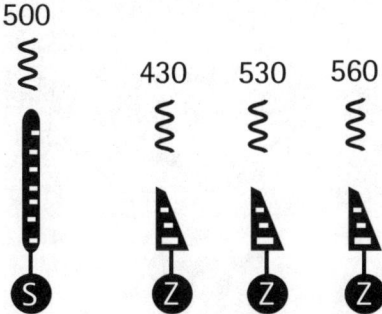

Stäbchen (S) enthalten als Sehfarbstoff ausschließlich das Rhodopsin, Zapfen (Z) dagegen jeweils eine von drei weiteren Opsinvarianten. Je nachdem, in welchen Opsintyp das Retinal eingebettet ist, bevorzugt es Licht kurzer, mittlerer oder längerer Wellenlänge.

5. Der Rechner im Auge

Vom grünen Rasen zum rezeptiven Feld

Ein Tennisplatz hoch über dem Hafen der australischen Stadt Sidney. Es ist das Jahr 1938. Zwei Herren, ein großer, schlanker Mittdreißiger und ein schlaksiger junger Ungar, nicht lange zuvor noch Landesjugendmeister seiner Heimat, haben auf dem grünen Rasen gerade ein Tennis-Match beendet. Der Ältere legt dem Jüngeren die Hand auf die Schulter und spricht die Worte, die der Retinaforschung einen ihrer bedeutendsten Experimentatoren bescheren sollten: »Du spielst zu gut Tennis, um in der Pathologie zu versauern. Arbeite bei mir in der Neurophysiologie.« Der Ältere ist der spätere Nobelpreisträger für Medizin John Carew Eccles. Er ist Direktor des Kanematsu Memorial Institute am Sidney Hospital und wegen seiner elektrophysiologischen Studien am Rückenmark schon damals weltberühmt. Der Jüngere ist Steven Kuffler, erst vor kurzem nach Australien eingewandert und gerade Assistent in der Abteilung für Pathologie geworden.

In Eccles Labor befasst sich Kuffler erstmals mit dem Phänomen der synaptischen Übertragung, einem Thema, das ihn über alle Stationen seiner wissenschaftlichen Laufbahn hinweg begleiten wird. Seine bahnbrechenden Untersuchungen zur Verarbeitung von Lichtreizen in der Retina fallen in die 1950er Jahre, die er hauptsächlich am Wilmer Institut für Augenheilkunde in Baltimore verbringt. Zum damaligen Zeitpunkt hatte es zwar nicht an Versuchen gefehlt, die elektrischen Signale auszukundschaften, mit denen die Netzhaut auf Änderungen der Beleuchtung reagiert, es waren aber nur wenige brauchbare Ergebnisse dabei herausgekommen. Der Grund lag, wie sich in Kufflers Untersuchungen herausstellen sollte, in der Art, wie Licht dem Auge dargeboten wurde. Die Experimentatoren verwandten zur Stimulation diffuses weißes oder monochromes Licht, mit dem sie Regionen des Augenhintergrundes großflächig ausleuchteten. Bei diesen Vorgaben gibt es für die Netzhaut wenig zu tun. Was sie liebt, sind Kontraste.

Kufflers experimenteller Ansatz war differenzierter als der seiner Kollegen. Zusammen mit Sam Talbot baute er ein Ophthalmoskop, also jenes Gerät, mit dem die Augenärzte die Retina inspizieren, so um, dass damit nicht nur ein, sondern gleich drei Lichtstrahlen durch die Pupille ins Auge projiziert werden konnten. Die Apparatur ermöglichte zum einen die Ausleuchtung des Augenhintergrundes zur

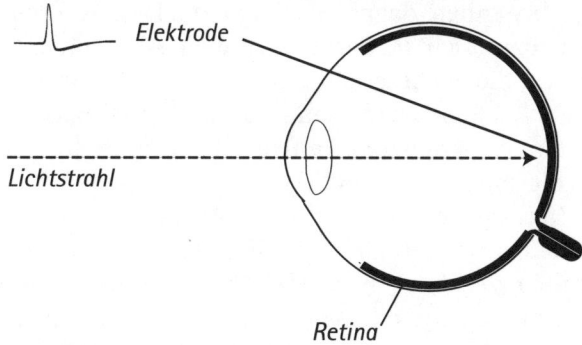

Stephen Kufflers Versuchsanordnung zur Ermittlung der Reaktion von Netzhautzellen auf punktuelle Lichtreize.

gezielten Platzierung der Elektrode, mit der die elektrische Aktivität einer Ganglienzelle abgeleitet werden sollte. Zum anderen konnte mit ihr anschließend das Netzhautareal um die Elektrodenspitzen herum ausgewählt und präzise mit einem feinen Lichtstrahl stimuliert werden. Die Messelektroden wurden von vorne durch die weiße Hülle des Auges eingeführt und dann behutsam auf die innerste Schicht der Netzhaut, die ausschließlich von den Ganglienzellen gebildet wird, abgesenkt. Als Versuchstier diente eine narkotisierte Katze.

Die Fenster, durch die Ganglienzellen die Welt erblicken

Um das Areal auf der Netzhaut abzustecken, über das die retinalen Ganglienzellen mit der Außenwelt in Verbindung stehen, tastete Kuffler mit dem Lichtstrahl schrittweise das Umfeld der Mess-Elektrode ab. Es stellte sich heraus, dass elektrodennahe Lichtreize je nach abgeleitetem Ganglientyp entweder mit einer Steigerung oder einer Herabsetzung der Aktionspotentialrate beantwortet wurden. Bewegte er den Strahl aber um wenige Tausendstel eines Millimeters aus der unmittelbaren Umgebung der Elektrode an den Rand, kam es zu einer Umkehr der elektrischen Antwort. Bei den »An«-Zentrum-Ganglienzellen, die auf die zentrale Lichtstimulation mit einer Steigerung der Impulsrate reagiert hatten, fiel die Zahl der Aktionspotentiale plötzlich ab, die »Aus«-Zentrum-Ganglienzellen, die ihre Aktivität eingestellt hatten, begannen dagegen zu feuern. Dies war nur dadurch zu erklären, dass sich in der elektrischen Aktivität retinaler Ganglienzellen nicht die Lichtverhältnisse an den Photorezeptoren ihrer unmittelbaren Nachbarschaft, sondern das Verhältnis aus diesen zur Beleuchtung des peripheren Umfeldes widerspiegelt.

Das Areal, das die mit einer Ganglienzelle verschalteten Photorezeptoren auf der Netzhaut einnehmen, wird als das »rezeptive Feld« dieser Ganglienzelle bezeichnet. Es ist das Fenster, durch das Ganglienzellen in die Außenwelt blicken. Wie Kufflers Beobachtung zeigt, gliedert es sich in zwei mehr oder weniger konzentrisch angelegte Bereiche, nämlich ein »Zentrum« und ein annähernd ringförmig darum herum angeordnetes größeres »Umfeld«, dessen Reizung der Stimulation des Zentrums entgegenwirkt. Der Gegensatz bzw. der funktionelle Antagonismus zwischen Zentrum und Umfeld ist einer der Gründe dafür, warum frühere Versuche, die Ganglienzellen mit groß-flächiger, das heißt das gesamte rezeptive Feld abdeckender Beleuchtung zu stimulieren, scheitern mussten. Stimulation und Hemmung hoben sich einfach gegenseitig auf.

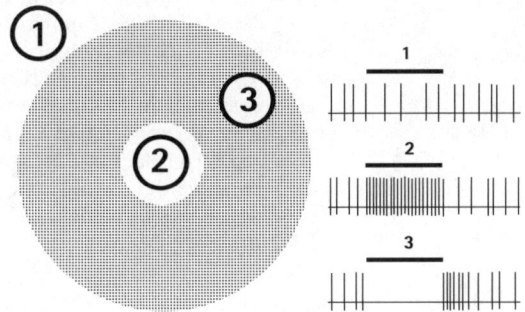

Links: Aufsicht auf das rezeptive Feld (RF) einer retinalen Ganglienzelle. RF-Zentrum weiß. RF-Umfeld grau. 1, 2, 3: Positionen eines punktuellen Lichtreizes. Rechts: Darstellung der von der Ganglienzelle abgefeuerten Aktionspotentiale (AP) in Beantwortung von Lichtreiz 1, 2, 3. Lichtreiz 1 liegt offensichtlich außerhalb des rezeptiven Feldes, denn er ruft keine Veränderung der elektrischen Aktivität hervor. Lichtreiz 2 löst eine Salve von APs aus. Es handelt sich also um eine »An«-Zentrum-Ganglienzelle. Unter 3 erlischt die Spontanaktivität.

Im Gegensatz zur zentralen Stimulation, bei der die Information von den Zapfen direkt über die Bipolarzellen zu den Ganglienzellen gelangt, erreicht die Nachricht über die Beleuchtung ihres rezeptiven »Umfelds« die Ganglienzelle auf einem Umweg, nämlich über die Horizontalzellen. Diese greifen mit ihren Fortsätzen Hunderte von Zapfen ab und teilen das Ergebnis über spezielle, im Bereich der äußeren plexiformen Schicht gelegene Verknüpfungen den Photorezeptoren im Zentrum und den Bipolarzellen mit.

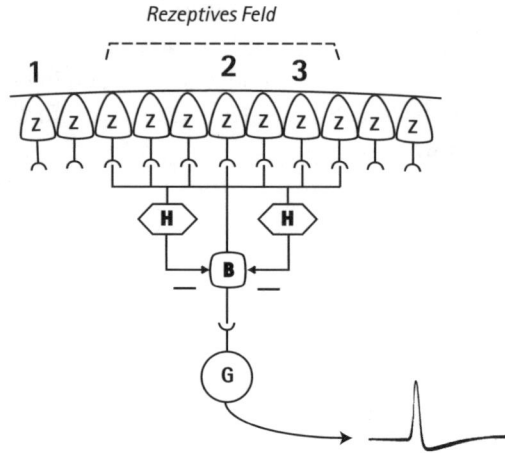

Verschaltung einer retinalen Ganglienzelle mit Zapfen (Z) innerhalb ihres rezeptiven Feldes. Die Punkte 1, 2 und 3 entsprechen den Lichtreizen der vorhergehenden Abbildung. Horizontalzellen (H) sind antagonistisch mit den Bipolarzellen (B) verschaltet. Sie hemmen die Aktivität der Bipolar- und damit auch der Ganglienzellen (G), und zwar umso stärker, je mehr sich die Helligkeiten von Zentrum und Umfeld des rezeptiven Feldes gleichen, und umso weniger, je mehr sie sich davon unterscheiden.

Was zählt, sind Kontraste

Der Sinn dieser Art von Verschaltung liegt auf der Hand: Durch den Vergleich zwischen Zentrum und Umfeld werden Ganglienzellen in die Lage versetzt, Kontraste aufzuspüren. Falls keine Kontraste zu beobachten sind, schweigen sie. Dies spart Energie und hält den Datenstrom in Grenzen.

Dass die Information zum Bild einer weißen Scheibe nur Angaben zu deren Abgrenzung gegen den dunklen Hintergrund enthält, stört höhere Zentren im Gehirn nicht. Den eintönigen Inhalt des kreisförmigen Gebildes denken sie sich selbst hinzu.

Bilder nicht in einzelne Lichtwerte aufzulösen, sondern nach Kontrasten abzutasten, vereinfacht auch ihre Verschlüsselung. Das Porträt der Mona Lisa weist Hunderte von Helligkeitsgraden auf. Jedem einzelnen davon ein individuelles elektrisches Signal zuzuordnen, würde die Netzhautzellen überfordern. Das Spektrum an Impulsraten, das ihnen zur Kodierung zur Verfügung steht, würde gerade einmal zur Differenzierung von zehn verschiedenen Helligkeitswerten ausreichen. Dadurch aber, dass jeder Punkt nicht zur Gesamtheit des Bildes in Beziehung gesetzt, sondern lediglich mit seinem Umfeld verglichen wird, gelingt es, eine werkgetreue Kopie des Bildes in den Sehnerven einzuspeisen.

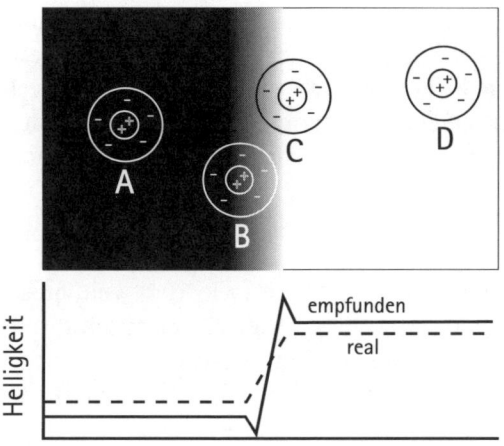

Kontrastverstärkung in der Retina. Dargestellt sind die rezeptiven Felder der retinalen Ganglienzellen A, B, C und D. Die Helligkeitsunterschiede zwischen Zentrum und Umfeld von B und C führen dazu, dass im Grenzbereich das Schwarz dunkler und das Weiß heller, als es der Realität entspricht, empfunden wird.

Die Zentrum-Umfeld-Organisation des rezeptiven Feldes trägt schließlich auch dazu bei, dass Konturen ebenso bei starker als auch bei schwacher Beleuchtung erkannt werden. So kann in einem Buch bei Kerzenlicht gelesen werden, obwohl das Licht, das Buchstaben und Papier zurückwerfen, um das Hundertfache geringer ist als bei Sonnenschein. Die unterschiedlichen Leuchtdichten ändern nämlich nichts am Verhältnis zwischen der Helligkeit der Lettern und der des Untergrundes. Unsere Fähigkeit, Konturen aufzuspüren, ist dabei ganz erstaunlich: Helligkeitsunterschiede von nur zwei Prozent genügen, um als Kontrast wahrgenommen zu werden.

Von Zwergen und Sonnenschirmen

Zu der Zeit, als Kuffler sich mit der Kartierung der rezeptiven Felder beschäftigte, wurden im Wesentlichen zwei Grundformen von retinalen Ganglienzellen voneinander unterschieden. Die eine zeichnet sich durch einen auffallend großen Zellleib und sehr breit ausladende Dendritenäste aus, weshalb sie im angelsächsischen Sprachgebrauch »Parasol«- bzw. bei uns »Sonnenschirm«-Ganglienzelle genannt wird. Die andere ist vergleichsweise winzig, hat einen schlanken Leib und schmalen Dendritenbaum, was ihr die Bezeichnung »Midget« bzw.

»Zwerg« eingetragen hat. Die Bedeutung einer dritten Form wurde erst einige Jahrzehnte später erkannt: Ihr hervorstechendstes Merkmal ist ein Dendrit, der sich in der inneren plexiformen Zone nicht auf einer, sondern gleich auf zwei Schichten verzweigt. Der Fachausdruck für sie lautet deshalb »Small-field bistratified«, also zweifach geschichtete Ganglienzelle.

In der Gestalt der Ganglienzellen spiegelt sich bereits ein Teil ihrer Funktion wider.

Die Sonnenschirm-Ganglienzellen verfügen, wie der weit ausladende Dendritenbaum schon erwarten lässt, über ein ziemlich großes rezeptives Feld. Die Verschaltung der in diesen enthaltenen Zapfen mit den Ganglienzellen ist nicht farbspezifisch. Die Sonnenschirm-Ganglienzellen reagieren deshalb nicht auf Farb-, sondern nur auf Helligkeitsunterschiede.

Die Zwerge und bistratifizierten, zweifach geschichteten, Ganglienzellen sind dagegen mit Zapfen derartig verschaltet, dass ein Farbabgleich ermöglicht wird. Die Zwerge nehmen die Signale von Rot- bzw. Grün-Zapfen auf. Die bistratifizierten Ganglienzellen bilden die Grundlage des Blau-Gelb-Sehens.

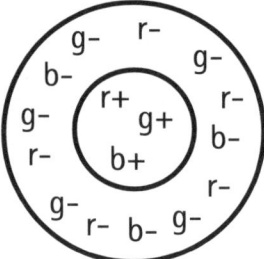
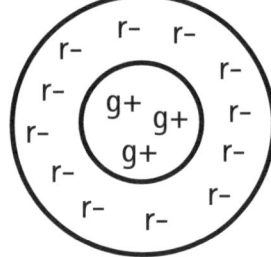

Sonnenschirm-Ggl.   Zwerg-Ggl.

Das rezeptive Feld einer retinalen Ganglienzelle vom Sonnenschirm-Typ (links) im Vergleich zu dem eines Zwergs. »r«, »g« und »b« stehen für Zapfen mit maximaler Empfindlichkeit im Rot-, Grün- bzw. Blauviolettbereich. Minuszeichen bedeutet Hemmung, Pluszeichen Stimulation der Ganglienzellaktivität. Sonnenschirm-Zellen sind in Zentrum und Umfeld jeweils mit einem Gemisch von Zapfen verschaltet und können deshalb zwar Helligkeiten, nicht aber Farben voneinander unterscheiden.

Alle drei Ganglienzell-Typen schicken ihre Axone über den Sehnerven zur nächsten Schaltstation, dem seitlichen Kniehöcker des
Thalamus, wo sie unterschiedlichen Zielen zustreben. Die Axone der
Sonnenschirm-Ganglienzellen suchen darin eine Schicht auf, die wegen ihrer großen Zellen »magnozellulär« genannt wird, die Axone
der Zwerge nehmen Kontakt mit den auffallend kleinen Zellen der
sogenannten parvozellulären Schicht auf, und die der bistratifizierten Ganglienzellen ziehen in eine dazwischenliegende Schicht mit
konusförmigen Zellen.

6. Über die Opticuskreuzung zum seitlichen Kniehöcker

Von der Netzhaut gerastert und nach Farbe und Hell/Dunkel sortiert schießt Lisas Bild über rund eine Million Fasern der Kreuzung entgegen, die die beiden Sehnerven an der Hirnbasis, knapp sieben Zentimeter hinter den Augen, bilden. Dort angekommen zerfällt das Gesichtsfeld der Länge nach in zwei Hälften. Die linke verlässt die Kreuzung über den Sehstrang, der zur rechten Gehirnhälfte führt, die rechte prescht auf dem anderen zur linken Gehirnhälfte.

Was ist hier passiert? Durch die Verkehrung in der Linse wird bei Fixierung des Blickes auf die Bildmitte die rechte Bildseite auf der linken Netzhauthälfte und die linke auf der rechten Netzhauthälfte abgebildet. In der Sehnervenkreuzung wechseln nur die Fasern die Seite, die aus den beiden der Nase zugewandten Netzhauthälften stammen, die schläfenwärts entspringenden ziehen dagegen ungekreuzt zum Gehirn. Somit werden die Signale, die die linke Gesichtsfeldhälfte repräsentieren, der rechten Hirnhemisphäre und diejenigen, die der rechten Gesichtsfeldhälfte entsprechen, der linken zur Verarbeitung zugeführt.

Zerrbild auf dem Knie

Wo geht die Reise der Bilder hin, nachdem sie die Kreuzung passiert haben? Glaubt man den Skizzen Leonardos, so enden die Nervenstränge, die die Augen mit dem Gehirn verbinden, in der vordersten von insgesamt drei Hirnkammern. Der schematische Charakter der Zeichnungen zum Verlauf der Sehbahn weckt aber den Verdacht, dass sie nicht das Ergebnis eigener anatomischer Studien, sondern vielmehr die Reproduktion einer Behauptung darstellen, die der Altmeister der Anatomie, Galen, eineinhalb Jahrtausende zuvor in die Welt gesetzt hatte. Nach ihm handelt es sich bei den beiden Sehnerven um zwei Röhren, die an der ersten bzw. zweiten Hirnkammer entspringen und die die Aufgabe haben, ein geistiges Fluidum namens Pneuma zum Sehorgan zu befördern.

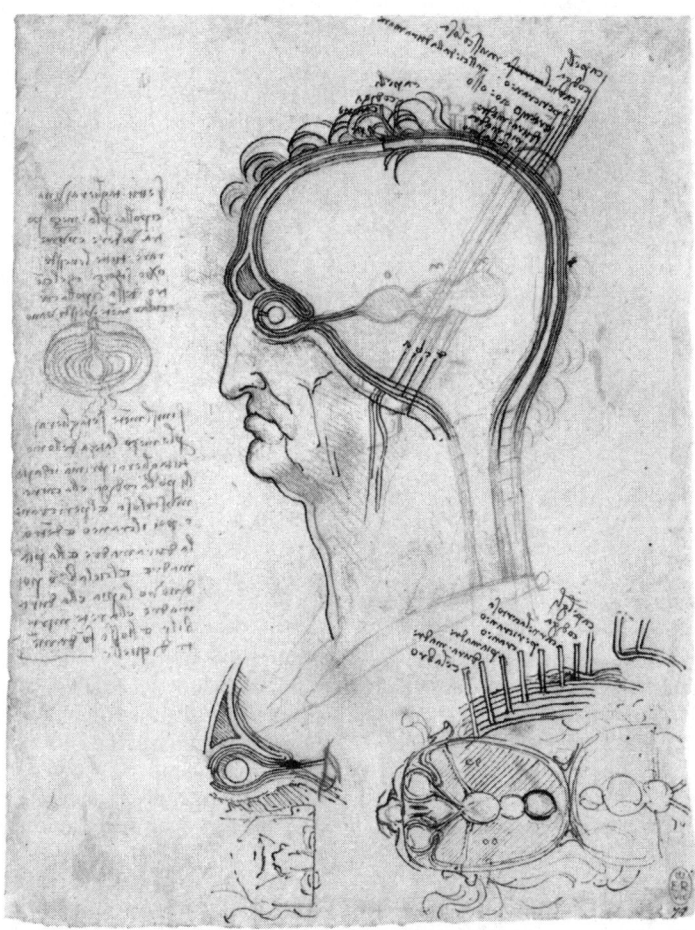

Im Bild oben: Sagittalschnitt durch das menschliche Gehirn mit drei Hirnkammern, in deren erste der vom Auge kommende Sehnerv mündet. Im Bild unten rechts: Horizontalschnitt durch Augen und Gehirn. Die Sehnervenkreuzung liegt dicht vor der ersten Hirnkammer. (Leonardo da Vinci, Anatomische Studie (1510), Sammlung des Schlossmuseums Weimar.)

Da hatte der große Grieche nicht genau genug hingesehen. In Wirklichkeit streben die beiden Sehstränge zwei eiförmigen, grauen Massen zu, die in der Mitte des Gehirns die links- bzw. rechtsseitige Be-

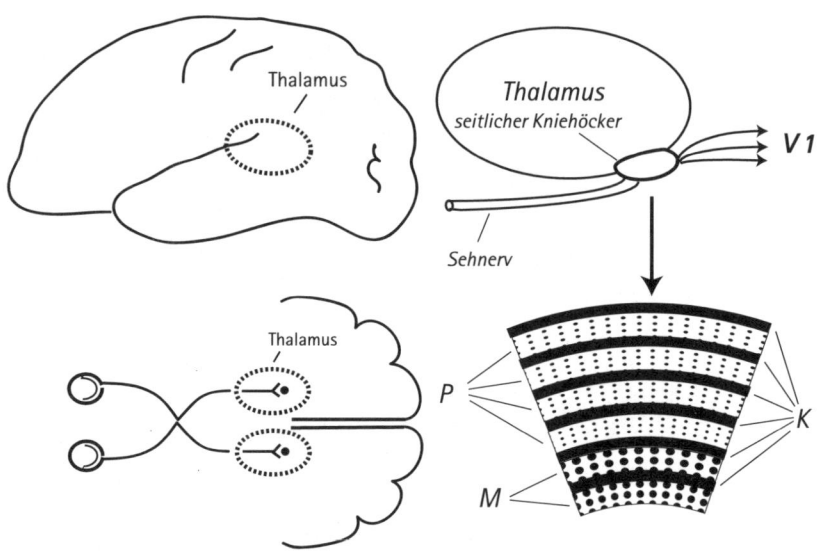

Der Thalamus, Schaltstation und Checkpoint: Links: Lage in der Seitenansicht, darunter beim Blick von oben auf das Gehirn. Die Umschaltung auf das nächste Neuron symbolisiert die kleine Gabel mit dem Punkt dazwischen.
Rechts: Eintritt der Sehnerven in den seitlichen Kniehöcker des linken bzw. rechten Thalamus. Darunter sieht man den feingeweblichen Aufbau der Kniehöcker. Die Fasern der Sonnenschirm-Ganglienzellen nehmen synaptischen Kontakt mit den makrozellulären Neuronen der M-Schichten auf, die der Zwerge mit den klein- oder parvozellulären Neuronen der P-Schichten, die der bistratifizierten Zellen mit den konischen Zellen der K-Schichten. V1 ist die primäre Sehrinde.

grenzung der dritten Hirnkammer bilden. Sie werden als »Thalamus« bezeichnet und sind vollgepackt mit Nervenzellen. An ihrem hinteren äußeren Ende ragt jeweils eine kleine Erhebung hervor, die die Anatomen den »seitlichen Kniehöcker« (*Corpus geniculatum laterale*) nennen.

Schneidet man den seitlichen Kniehöcker in dünne Scheiben, so erkennt man bei starker Vergrößerung sechs Lagen von Nervenzellen. Die beiden untersten (1 und 2) werden wegen der großen Zellkörper der in ihnen befindlichen Neuronen als »magnozelluläre Schichten« bezeichnet. Sie sind der Ort, an dem die Axone der retinalen Ganglienzellen vom Sonnenschirm-Typ die Schwarz-Weiß-Kopie der Mona Lisa ablegen. In den darüberliegenden parvozellulären Schichten 3 bis 6 mit jeweils kleineren Neuronen erfolgt die Übertragung der Rot-Grün-Kopien, die die Zwerg-Ganglienzellen im Gepäck haben. Bei noch genauerem Hinsehen finden sich zwischen den genannten Schichten noch Zellen, deren Körper die Form eines Konus aufweisen. An ihnen setzen die Axone der retinalen Ganglienzellen vom bistratifizierten Typ an, die das Signal für das Blau-Gelb-Sehen transportieren.

Tastet man die Netzhaut mit einem feinen Lichtstrahl unter gleichzeitiger Registrierung der elektrischen Aktivität der magnozellulären und parvozellulären Neuronen ab, stellt man fest, dass die Reizung benachbarter Punkte auf der Netzhaut zur Erregung ebenfalls benachbarter Neuronen im seitlichen Kniehöcker führt. Das bedeutet, die Übertragung der Information von den retinalen Ganglienzellen auf die Neuronen des seitlichen Kniehöckers erfolgt unter Wahrung der örtlichen Verhältnisse auf der Netzhaut. Die Kopien, die die Ganglienzellen vom Netzhautbild angefertigt haben, werden demzufolge ortsgetreu, das heißt retinotop, auf den Schichten des Kniehöckers ausgebreitet.

Lächelt sie? Projektion des Foveabildes auf den seitlichen Kniehöcker im Thalamus eines Betrachters, der Mona Lisas Mund ins Visier genommen hat. Die Verzerrung beruht auf der hohen Konzentration und speziellen Verschaltung der Sinneszellen am Ort des schärfsten Sehens in der Netzhaut.

Die Rot-Grün-Projektion weist dabei eine Besonderheit auf. Sie ist in geradezu monströser Weise jeweils in dem Bereich des Bildes aufgebläht, den der Betrachter gerade ins Visier genommen hat. Meistens handelt es sich bei unserem Beispiel um Lisas Mund. »Lächelt sie?«, fragen sich die Besucher und rücken auf ihrer Netzhaut den Mund an die Stelle des schärfsten Sehens, die Fovea. Was dort registriert wird, nimmt auf dem Kniehöcker proportional die größte Fläche ein. Die Erklärung dafür liegt in der Anordnung der Zapfen auf der Netzhaut und der Art ihrer Verschaltung mit den retinalen Ganglienzellen. Am engsten sind die retinalen Ganglienzellen nämlich in der Fovea gepackt. Mit dem Ziel, eine möglichst hohe Sehschärfe zu erreichen, ist ihre Verkabelung dort so angelegt, dass das Zentrum des rezeptiven Feldes einer jeden Ganglienzelle aus jeweils nur einem einzigen Zapfen besteht. Mit zunehmendem Abstand von der Fovea verringert sich die Bildauflösung. Dies liegt zum einen an der abnehmenden Zahl der Zapfen pro Netzhautfläche, zum anderen aber daran, dass zur Peripherie hin immer mehr Zapfen zur Bildung des zentralen rezeptiven Feldes einer Ganglienzelle zusammengefasst werden. Da auf dem seitlichen Kniehöcker die retinalen Ganglienzellen mit ihren korrespondierenden Neuronen im Verhältnis eins zu eins verschaltet sind, nimmt dort das periphere Gesichtsfeld ein viel geringeres Areal ein als sein Zentrum.

Checkpoint Thalamus

Im seitlichen Kniehöcker des Thalamus wechselt Mona Lisa die Pferde. Hier wird ihr Bild von den retinalen Ganglienzellen auf M-, P- und K-Neuronen übertragen, die es dann nonstop zur Großhirnrinde befördern. Der Thalamus ist jedoch nicht einfach nur eine Verladestation. Er ist vor allem Checkpoint. An ihm entscheidet sich, wem Zutritt zu den höheren Etagen des Gehirns gewährt wird und wer die Reise beenden muss. Die Auslese erfolgt in enger Absprache mit übergeordneten Zentren, die bereits an dieser ersten Schaltstelle hemmend oder stimulierend in den Prozess der Wahrnehmung eingreifen können. Wie groß ihr Einfluss ist, lässt sich an der Zusammensetzung der nervösen Eingänge zum seitlichen Kniehöcker abschätzen. Lediglich 10 Prozent aller zuführenden Nervenfasern stammen von der Netzhaut. Der Rest entspringt Rindenanteilen des Großhirns, die mit der Verarbeitung von Sinneseindrücken befasst sind, sowie bestimmten Neuronen-Gruppen des Hirnstamms, deren Aufgabe unter anderem in der Kontrolle des Wachzustandes besteht.

7. Ankunft auf der Sehrinde

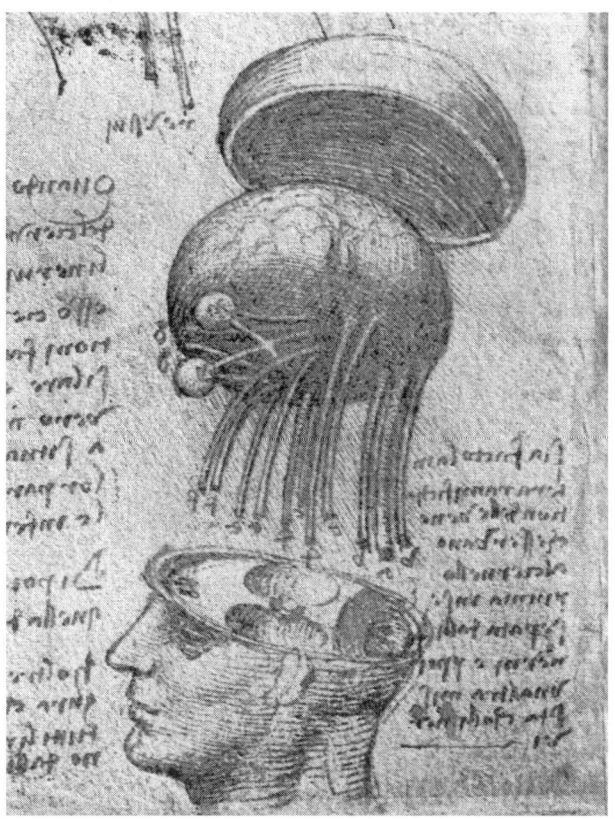

Eröffnung des Schädels zur Präparation des menschlichen Gehirns. Das Gehirn samt Augen und Hirnnerven schwebt zwischen der Schädelbasis und der Kalotte. (Leonardo da Vinci, Anatomische Studie, Windsor Royal Library 112603.)

Ob Leonardo bei seinen zahlreichen Aufenthalten in der Leichenkammer von Santa Maria Nuova zu Florenz jemals einen kritischen Blick auf die Architektur des Hinterlappens verschwendet hat, geht aus seinen Unterlagen nicht hervor. Seine anatomischen Skizzen verraten allenfalls flüchtiges Interesse an der hügeligen Landschaft, die das Gehirn bedeckt. Vermutlich hielt er es mit dem antiken Arzt und Anatomen Galen, der die Kammern des Gehirns als Heimstätte des menschlichen Geistes betrachtete, nicht aber seine Furchen und Windungen, von denen nach seiner Aussage »ein so dummes Tier wie der Esel mehr aufzuweisen hat als der Mensch«.

Anzunehmen ist, dass er wohl auch einmal mit einem horizontalen Schnitt den oberen Teil des Gehirns auf der Höhe, wo er die Knochensäge zur Eröffnung des Schädels anzusetzen pflegte, abgetragen hat, um einen Blick ins Innere des Gehirns zu werfen. Auf der Schnittfläche hätte er dann wie auf einer Landkarte Mona Lisas Weg vom seitlichen Kniehöcker bis zur Sehrinde verfolgen können. Er musste nur dem hellen Strang von Nervenfasern nachgehen, der seitlich aus dem dunklen Oval des Thalamus hervortritt, in sanftem Bogen um das untere und hintere Horn der seitlichen Hirnkammern herumzieht und als *Radiatio optica* oder Sehstrahlung breitgefächert im Hinterlappen mündet. Ziel der rund eine Million darin aufsteigenden Fasern ist die Hirnrinde, lateinisch *Cortex cerebri*, ein dichter Filz von Nervenzellen, der wie die Borke den Baum das Großhirn einhüllt und der im Schnitt dem schmalen grauen Band entspricht, das sämtliche Wülste und Furchen einsäumt. Zur Hervorhebung seiner besonderen Funktion wird der Bereich der Hirnrinde, an dem die Sehstrahlung endet, »primäre Sehrinde«, »primärer visueller Cortex« oder kurz: »V1« genannt.

Untersucht man das rückwärtige Ende der beiden Hirnhälften genauer, so fällt eine tiefe Furche auf, die die Innenfläche der Hinterlappen auf halber Höhe längs durchzieht. Sie reicht in der Tiefe bis knapp an das hintere Horn der seitlichen Hirnkammer heran, in deren Lichtung an dieser Stelle ein kleiner Wulst aufragt. Er hat die Gestalt eines Vogelsporns, was ihm den Namen *Calcar avis* eingetragen hat. Die Furche selbst wird *Fissura calcarina* oder kurz »Calcarina« genannt. Das als »primäre Sehrinde« oder »V1« bezeichnete Areal erstreckt sich von den Polen der Hinterlappen über die obere und untere Lippe bis zum Grund des Schlundes der Calcarina. Es umfasst etwa 25 cm^2, davon befinden sich knapp zwei Drittel innerhalb der Calcarina.

Die Sehrinde übernimmt vom seitlichen Kniehöcker die Kopien, die die retinalen Ganglienzellen von der Außenwelt angefertigt und in seinen Schichten abgelegt haben. Die Signale aus der linken Ge-

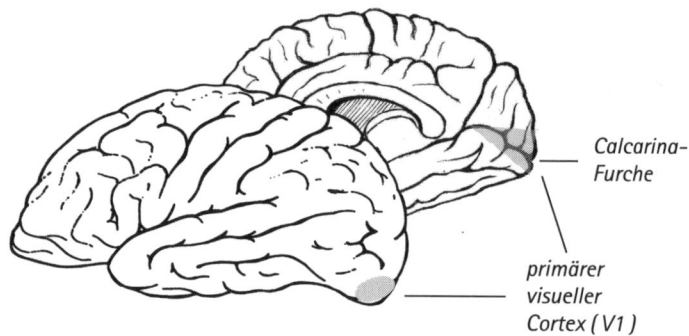

Calcarina-
Furche

primärer
visueller
Cortex (V1)

Blick auf die linke und dahinter die Innenseite der rechten Großhirnhälfte. Der größte Teil der primären Sehrinde (grau) kleidet die Calcarina-Furche (*Fissura calcarina*) im Hinterlappen aus.

sichtsfeldhälfte werden dem Pol und der Calcarina der rechten Hirnhälfte zugespielt, die aus der rechten dem korrespondierenden Areal der linken Hirnhälfte. Die oberen Quadranten des Gesichtsfeldes kommen jeweils im unteren Abschnitt der Calcarina, die unteren auf dem oberen zur Darstellung. Was von der Fovea, dem Netzhautareal mit der größten Sehschärfe, stammt, wird jeweils auf den Polen der Hinterlappen abgebildet. Die Projektion der Außenwelt steht somit genau wie im Kniehöcker seitenverkehrt auf dem Kopf. Auch die Verzerrung bleibt erhalten. Die Signale aus der Fovea, deren Ausdehnung etwa ein Hundertstel des gesamten Netzhautareals umfasst, nehmen fast die Hälfte der Fläche von V1 ein.

50 bis 70 Millisekunden dauert die Reise eines Bildes von der Netzhaut bis zur primären Sehrinde. Haben sich auf dem seitlichen Kniehöcker runde ein bis zwei Millionen Neuronen mit seiner Bearbeitung befasst, werden es in der primären Sehrinde mindestens 200 Millionen sein. Dies lässt auf ein gehöriges Maß an Rechenarbeit schließen.

8. Vom Punkt zur Linie zur Form

Das, was sich auf dem Skizzenblock eines Künstlers beim Versuch, das Objekt vor seinen Augen zu Papier zu bringen, ereignet, gleicht in weiten Teilen dem Vorgang, der sich bei dessen Rekonstruktion im Kopf abspielt. Punkte werden zu Linien zusammengefügt, Linien zu Flächen, die Flächen verschmelzen zu Formen, bis schließlich eine Gestalt mit den Merkmalen des Vorbildes dasteht. Der Skizzenblock des Gehirns ist die Sehrinde. Sie nimmt mehr als ein Drittel der Großhirnrinde ein. Mit dem Instrumentarium der modernen Neurowissenschaften kann man auf ihr dem Gehirn beim Zeichnen zusehen. Die ersten orientierenden Striche setzt es im Hinterlappen, zu Ende geführt wird das Bild der Außenwelt im Schläfen- und Scheitellappen.

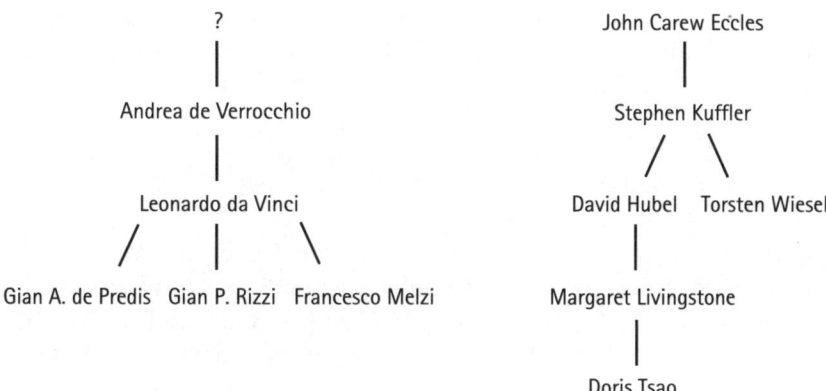

Meisterschüler

In der Wissenschaft ist es wie in der Malerei. Große Meister bringen große Schüler hervor. Oft überstrahlt deren Berühmtheit sogar den Glanz des Lehrers. Stephen Kuffler und seine Nachfolger sind ein Beispiel dafür. Um sich intensiver dem Studium der synaptischen Übertragung widmen zu können, erweiterte Kuffler Ende der 1980er Jahre seine Arbeitsgruppe am Wilmer Institute für Augenheilkunde in Baltimore um zwei Nachwuchswissenschaftler: Sie sollten seine

Studien zum rezeptiven Feld retinaler Ganglienzellen auf die Neuronen des visuellen Cortex ausdehnen. Dem einen, David Hubel, einem Amerikaner, schien diese Aufgabe wie auf den Leib geschneidert zu sein. Er hatte bereits Aufsehen mit einer Technik erregt, die es ermöglichte, die elektrische Aktivität einzelner Nervenzellen im Cortex einer wachen Katze aufzuzeichnen. Bei den Experimenten war ihm aufgefallen, dass in der Sehrinde einige Nervenzellen dann zu feuern begannen, wenn er seine Hand in einer bestimmten Richtung an den Augen des Tieres vorbeiführte. Torsten Wiesel, der andere, war Schwede. Er hatte am Karolinska Institut in Stockholm die Wirkung von Lokalanästhetika auf Hirnströme untersucht und war dann zu Kufflers Gruppe gestoßen, wo er sich zunächst sehr erfolgreich mit dem elektrischen Verhalten retinaler Ganglienzellen beschäftigte.

Welch glückliche Hand Kuffler bei der Auswahl dieser beiden Mitarbeiter bewies, ist an den Ergebnissen ihrer mehr als zwei Jahrzehnte währenden Zusammenarbeit abzulesen. Auf den Experimenten von Hubel und Wiesel fußt das Gedankengebäude, das die Wissenschaft zur Erklärung der visuellen Wahrnehmung errichtet hat.

Ein lausiger Tag in Baltimore

Gleich am Beginn der Zusammenarbeit von Hubel und Wiesel steht eine Zufallsentdeckung, die sich im doppelten Sinn des Wortes für ihre weitere Arbeit als richtungsweisend herausstellen sollte. Der Tag, an dem sie die entscheidende Beobachtung machten, ließ sich ziemlich lausig an. Nachdem sie am Morgen durch eine Öffnung im Schädel einer betäubten Katze einen feinen Draht aus dem Metall Wolfram bis zur Sehrinde vorgeschoben und zur Messung der elektrischen Aktivität mit der Spitze an einer Nervenzelle platziert hatten, versuchten sie, das rezeptive Feld dieser Zelle abzugrenzen. Um herauszufinden, ob es sich bei ihr um einen sogenannten »An«- oder »Aus«-Typ handelt, tasteten sie, wie sie es von der Charakterisierung retinaler Ganglienzellen her gewohnt waren, die Netzhaut mit punktförmigen Hell- oder Dunkelreizen ab. Zur Erzeugung des punktförmigen Lichtreizes wurde in den Lichtweg des Gerätes, mit dem die Retina beleuchtet wurde, ein Metallplättchen eingesetzt, in dessen Mitte sich ein kleines

Loch befand. Um einen »Aus«-Reiz zu setzen, wurde das Metallplättchen gegen ein Glasblättchen ausgetauscht, auf dem ein schwarzer
Punkt angebracht war. Nachdem sie sich viele Stunden lang vergeb-
lich bemüht hatten, der Zelle mit der Projektion des hellen oder dunklen Punktes elektrische Signale zu entlocken, mussten sie einander
eingestehen, dass diese Form der Stimulation der falsche Reiz war.
Dem kuriosen Phänomen, dass die Zelle, wenn überhaupt, nur in dem
kurzen Moment reagiert hatte, wenn beim Einsetzen des schwarzen
Punktes der Rand des Glasblättchens als Schatten durch das Gesichtsfeld huschte, hatten sie zunächst keine besondere Bedeutung zuge-
messen. Als sie sich endlich, mehr aus Verzweiflung als aus Überzeugung, dazu entschlossen hatten, dieser Beobachtung systematisch auf
den Grund zu gehen, stellte sich heraus, dass ihr Registriergerät immer dann das reinste Feuerwerk abbrannte, wenn die Schattenlinie
des Glasblättchens in einem ganz bestimmten Winkel zur Horizontalen vor dem Auge bewegt wurde. Somit war das Zeichen, das die Zelle
verstand, offenbar nicht lediglich ein Punkt, sondern die Kante einer
Fläche, deren Projektion in einer spezifischen Ausrichtung über die
Netzhaut hinwegglitt.

   Das rezeptive Feld dieser Zelle schien nicht so einfach aufgebaut
zu sein wie das anderer Zellen der V1-Region, die sie bereits abgeleitet hatten, ganz zu schweigen von den Neuronen der Retina oder des
seitlichen Kniehöckers. Es erwies sich nicht nur als resistent gegenüber punktförmigen Reizen, sondern verfügte, wie spätere Untersuchungen an Zellen ähnlichen Verhaltens ergaben, auch nicht über deren typische Unterteilung in hemmende und stimulierende Bereiche.
Seine Organisation erschien irgendwie »komplex«, und das genau war
die Bezeichnung, die die beiden Forscher schließlich Zellen mit solchen rezeptiven Feldern zuwiesen.

Vom Punkt zur Linie

Mit dem Attribut »simpel« oder einfach wurden von Hubel und Wiesel die Zellen der V1-Region versehen, in deren rezeptivem Feld sich
eine »An«- oder »Aus«-Region eindeutig von einem benachbarten an-
tagonistischen Bezirk abgrenzen ließ. Bei ihrer näheren Charakteri-

sierung fiel eine Besonderheit auf. Wurde die Position solcher Punkte, unter deren Beleuchtung ein Neuron zu feuern begann, und solcher, deren Stimulation eine Hemmung auslöste, auf einer Karte, die die Fläche der Netzhaut darstellte, festgehalten, so ergab sich nicht das von den retinalen Ganglienzellen oder den Neuronen des seitlichen Kniehöckers bekannte Bild eines annähernd kreisförmigen »An«- oder »Aus«-Zentrums mit konzentrischem antagonistischem Umfeld. Die stimulierenden und hemmenden Punkte waren vielmehr entlang einer imaginären Längsachse angeordnet. Bei manchen Zellen flankierte der antagonistische den zentralen Bereich beiderseits zu gleichen Anteilen, bei anderen verlief er asymmetrisch, bei wieder anderen war er nur einseitig angelegt.

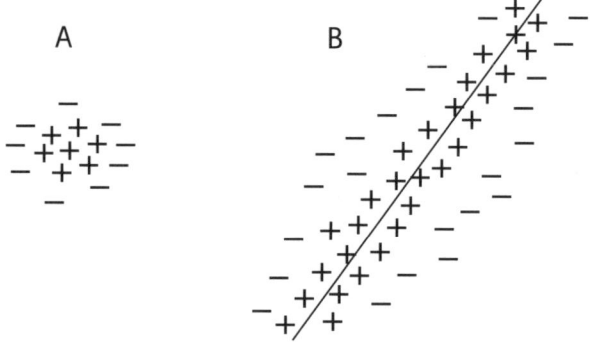

Gegenüberstellung der rezeptiven Felder zweier Nervenzellen vom »An«-Typ im seitlichen Kniehöcker (A) und in der primären Sehrinde (B). Die Pluszeichen stellen die Punkte auf der Netzhaut dar, an denen ein Lichtreiz eine Aktivitätssteigerung hervorrief, die Minuszeichen stehen für eine Aktivitätsminderung. Das rezeptive Feld in B fällt in die Kategorie »simpel«. (Nach Hubel/Wiesel, 1962.)

Die Orientierung der Längsachsen variierte von Zelle zu Zelle. Bei einigen Neuronen verlief sie vertikal, bei anderen horizontal, bei wieder anderen war sie sozusagen kommaförmig bzw. schräg ausgerichtet.

Eine maximale Aktivierung der Zellen wurde mit spaltförmigen Lichtreizen (»An«-Zellen) bzw. schmalen dunklen Balken auf hellem Grund (»Aus«-Zellen) erzielt, die sich in Breite, Länge und Ausrichtung genau mit dem Zentrum des rezeptiven Feldes deckten. Drehungen des Spaltes oder Balkens um nur wenige Grade führten jeweils zu einer deutlichen Herabsetzung der Impulsrate. Bei senkrechter Ausrichtung zur Längsachse unterschied sich die zelluläre Antwort nicht mehr vom Grundrauschen.

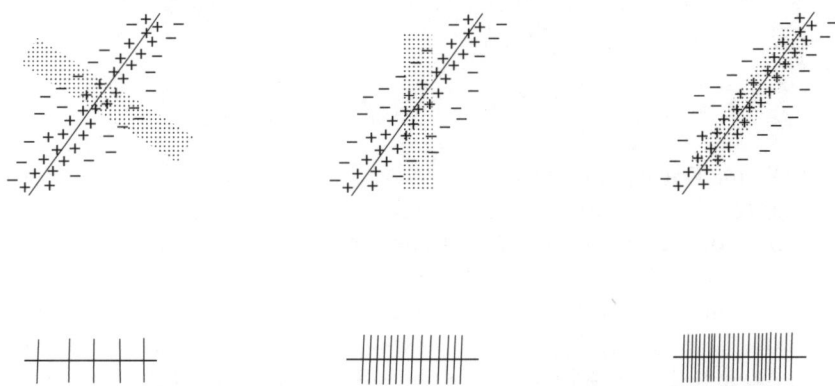

Zellen der primären Sehrinde reagieren auf spaltförmige Lichtreize. Die Zahl der abgefeuerten Aktionspotentiale erreicht dann ein Maximum, wenn die Ausrichtung des Lichtreizes mit der Längsachse des rezeptiven Feldes übereinstimmt.

Die Erklärung dafür, dass eine nicht optimale Orientierung mit Einbußen der zellulären Aktivität einherging, lag auf der Hand: Der Lichtreiz überstrich dann ganz einfach weniger stimulierende und mehr hemmende Elemente. Dass die Erregung der Zellen vom simplen Typ mit der Länge eines in seiner Orientierung adäquaten Lichtreizes zunahm, deuteten Hubel und Wiesel als Summationseffekt: Die Zellen standen offensichtlich nicht nur mit einem Neuron des seitlichen Kniehöckers in Verbindung, sondern jeweils mit einer ganzen Gruppe. Je größer die Zahl der darin von einem Reiz aktivierten Neurone war, umso mehr Signale empfingen die von ihnen kontaktierten V1-Zellen. Der länglichen Form des Reizes nach zu schließen waren die rezeptiven Felder der Neuronen einer solchen Gruppe auf der Netzhaut so nebeneinander aufgereiht, dass sie eine Linie mit bestimmter Ausrichtung bildeten.

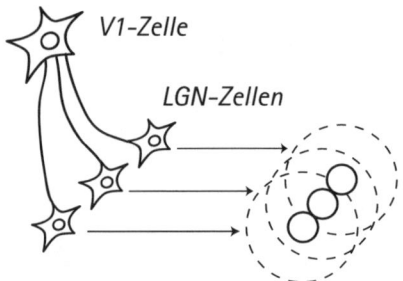

Verschaltung von Zellen des seitlichen Kniehöckers (LGN) mit einem V1-Neuron als mögliche Erklärung für die Organisation des rezeptiven Feldes von V1-Zellen des simplen Typs.

Hubel und Wiesel fanden heraus, dass die Breite des Zentrums eines rezeptiven Feldes vom simplen Typ ziemlich genau dem Durchmesser der kreisförmigen »An«- oder »Aus«-Zentren entspricht, die für die Neuronen auf dem seitlichen Kniehöcker oder die retinalen Ganglienzelle ermittelt worden waren. Die rezeptiven Felder der Nervenzellen vom komplexen Typ waren diesen gegenüber deutlich großzügiger angelegt. Dabei schien es gleichgültig zu sein, wohin genau darin ein Reiz, sei es in Form eines Lichtspaltes, Balkens oder einer Kante, projiziert wurde, vorausgesetzt, dass seine Orientierung passte. Dies führte Hubel und Wiesel zu der Annahme, dass ein komplexes rezeptives Feld aus der Abfolge mehrerer seitlich aneinandergereihter

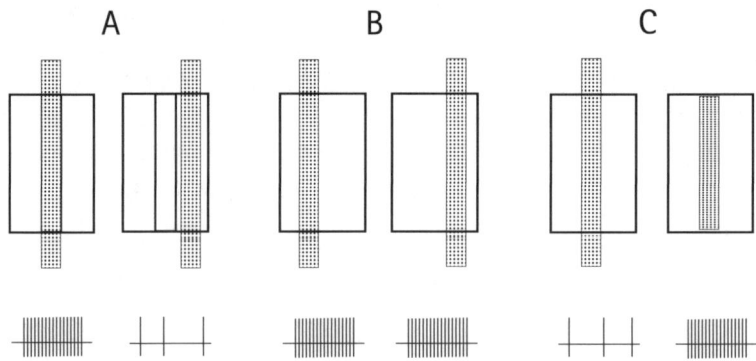

Die drei Grundtypen der rezeptiven Felder von V1-Neuronen. A: simpel; B: komplex, C: end-blockiert. Untere Zeile: neuronale Aktivität in Abhängigkeit von der Position und Länge des Lichtbalkens innerhalb des rezeptiven Feldes.

simpler Felder besteht. Eine solche Konformation würde sich aus der Verschaltung einiger benachbarter Zellen vom simplen Typ mit einer Zelle vom komplexen Typ ergeben.

In weiteren Untersuchungen stellte sich heraus, dass die Sehrinde neben Zellen mit einfach und komplex aufgebauten rezeptiven Feldern noch einen dritten Typ enthält, den Hubel und Wiesel »komplex endblockiert« (*end-stopped*) oder »hyperkomplex« nannten. Im Gegensatz zu den beiden ersteren Zellformen reagierten diese auf spaltförmige Lichtreize oder Balken nur dann mit einer Steigerung der elektrischen Aktivität, wenn das jeweilige Signal in der für die Zelle spezifischen Orientierung nicht die Grenzen ihres rezeptiven Feldes längs überragte. War dies der Fall, so blieb die Antwort aus. Die Spezialität dieser Zellen war es offenbar, die Enden von Linien, Balken oder Kanten zu erkennen.

Signalverarbeitung auf sechs Stockwerken

Die primäre Sehrinde (V1) ist beim Menschen etwa 2 mm dick. Schneidet man den Hinterlappen vertikal wie einen Laib Brot in Scheiben, so kann man auf diesen unter der Voraussetzung, dass sie sehr dünn sind und mit einem Zellfarbstoff angefärbt wurden, unter dem Mikroskop in der Rinde sechs Schichten voneinander unterscheiden. Die vierte ist auffallend hoch und enthält in einem als »4B« bezeichneten Unterabschnitt ein bereits mit freiem Auge erkennbares Faserbündel. Es handelt sich um die *Stria Gennari*, das charakteristische Kennzeichen dieses Rindenbezirkes. Im darunterliegenden Abschnitt 4C enden die Fasern der Sehstrahlung, die die Signale der parvozellulären und magnozellulären Neuronen im seitlichen Kniehöcker zur V1-Region transportieren. Die Fasern koniozellulären Ursprungs kontaktieren die Schichten 2, 3 und 4A.

Um herauszufinden, ob sich hinter dem feingeweblichen Aufbau des visuellen Cortex ein funktionelles Prinzip verbirgt, gingen Hubel und Wiesel dazu über, ihre Sonden entweder senkrecht oder parallel zur Hirnoberfläche durch das Gewebe zu führen und unterwegs alle

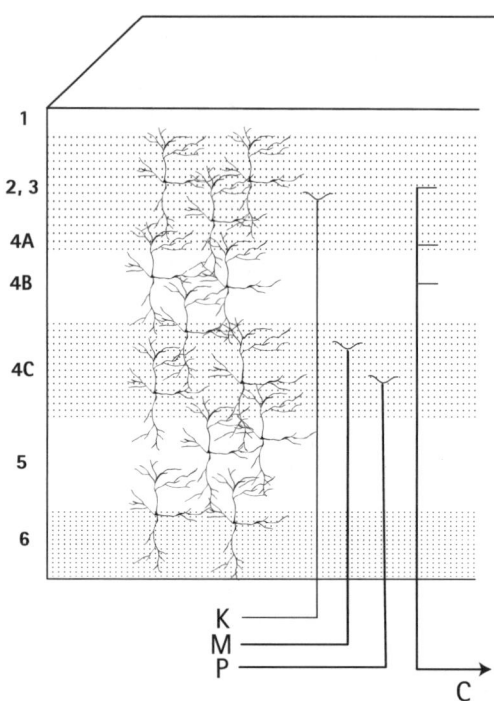

Die primäre Sehrinde (V1) setzt sich aus sechs Schichten zusammen, deren Zellen sowohl in vertikaler als auch horizontaler Richtung miteinander vernetzt sind. Die Zellen vom simplen, komplexen und end-blockierten Typ verteilen sich in charakteristischer Weise auf die einzelnen Stockwerke.
K, M, P: Eingänge von den konio-, magno- und parvozellulären Schichten des seitlichen Kniehöckers. C: Ausgang zu höheren Rindenbezirken.

50 Tausendstel Millimeter Station zu machen, um Zellen genauer zu charakterisieren. Als Versuchstier diente zunächst eine Katze, in späteren Experimenten waren es wegen der engeren Verwandtschaft mit dem Menschen Affen der Gattung Makaken. Dank der Feinheit der Elektrodenspitzen, die Hubel nach einem von ihm entwickelten Verfahren selbst herstellte, gelang es bei einem erfolgreichen Experiment, bis zu hundert Neuronen entlang des Stichkanals abzuleiten und anhand der Organisation des rezeptiven Feldes zu klassifizieren.

Registrierungen in senkrechter Ausrichtung zur Hirnoberfläche ergaben, dass die Nervenzellen auf die einzelnen Rindenschichten nach der Komplexität ihres rezeptiven Feldes verteilt sind. Die Zellen vom einfachen Typ, deren Aufgabe darin besteht, aus den Signalen des seitlichen Kniehöckers Linien bestimmter Orientierung herauszufischen, fanden sich in der dritten und vor allem in der vierten Schicht, also nahe des Eingangs der Information aus dem seitlichen Kniehöcker. Komplexe Zellen wurden dagegen vorwiegend in den Schichten 2, 3, 5 und 6 entdeckt. Die hyperkomplexen bzw. end-blockierten Zellen verteilten sich auf die Schichten 2 und 3.

Orientierungssäulen

Die rezeptiven Felder von Zellen, die in einem senkrechten Durchgang durch die einzelnen Etagen der Sehrinde erfasst wurden, wiesen grundsätzlich identische Ausrichtungen auf. Wurde die Elektrode dagegen schräg oder annähernd parallel zur Hirnoberfläche durch die Rinde geführt, so änderte sich die Orientierung der Zellen entlang des Stichkanals im Sinne einer Rechts- oder Linksdrehung. Berechnungen ergaben, dass die Richtungsänderung pro 5 Hundertstel Mil-

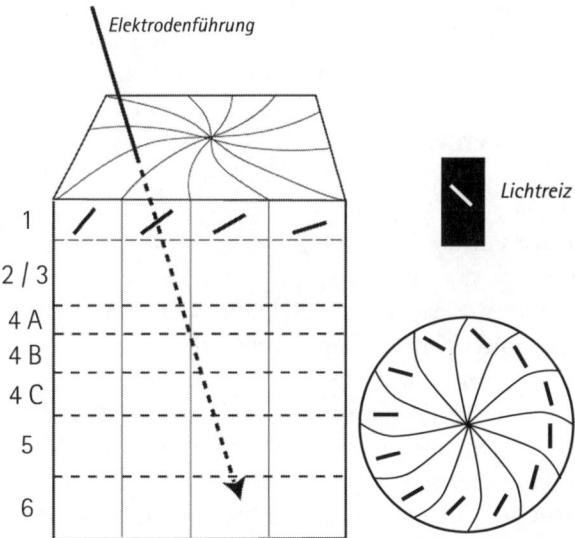

Orientierungseinheit einer okulären Dominanzsäule. Die in ihr enthaltenen sechsstöckigen Orientierungssäulen sind in der Reihenfolge der von ihnen erkannten Winkelgrade um eine gemeinsame Achse wie die Flügel eines Windrädchens angeordnet (rechts). Die schwarzen Balken symbolisieren die Orientierung der rezeptiven Felder bzw. die optimale räumliche Ausrichtung des jeweiligen Lichtreizes, auf den die in der Orientierungssäule enthaltenen Zellen reagieren.

limeter Abstand etwa zehn Winkelgrade beträgt. Diese Beobachtungen brachten Hubel und Wiesel auf die Idee, dass sich der primäre visuelle Cortex funktionell aus sogenannten »Orientierungssäulen« zusammensetzt. Auf deren einzelnen Stockwerken befinden sich jeweils nur simple, komplexe und end-blockierte Zellen, deren rezeptive Felder die gleiche Ausrichtung aufweisen.

Weitere Untersuchungen zeigten, dass die einen Ort im Gesichtsfeld repräsentierenden Orientierungssäulen wiederum zu Einheiten zusammengefasst sind, in denen die Ausrichtung der rezeptiven Felder alle in Frage kommenden Winkelgrade (0° bis 180°) abdeckt. Neueren Untersuchungen zufolge sind die Säulen ähnlich wie die Flügel eines Windrädchens in der Reihenfolge der von ihnen erkannten Winkelgrade um eine gemeinsame Achse herum angeordnet. Die meisten dieser Einheiten sind einäugig versorgt. Hubel und Wiesel wählten deshalb den Begriff »Okuläre Dominanzsäulen« als Bezeichnung aus.

Bildlich gesprochen entsprechen die Orientierungseinheiten der okulären Dominanzsäulen einem Satz spaltförmiger Blenden. Dort, wo die Ausrichtung eines Kontursegmentes auf der Netzhaut mit der Orientierung der Blende übereinstimmt, kann der Stimulus passieren und weiterverarbeitet werden.

Von der Linie zur Form

Die Zellen der primären Sehrinde sehen nicht viel von der Welt. Im Gegensatz zum seitlichen Kniehöcker können sie zwar schon Konturen nach Segmenten bestimmter räumlicher Orientierung abtasten, sind von so etwas wie der Erkennung von Formen allerdings noch weit entfernt. Zellen einer an V1 angrenzenden Region, die sich in ihrem feingeweblichen Aufbau von diesem etwas unterscheidet und als sekundärer visueller Cortex (V2) bezeichnet wird, sind diesbezüglich schon etwas weiter. Sie verfügen über größere rezeptive Felder. Dies gestattet es ihnen, darin Konturen zweier unterschiedlicher Orientierungen unterzubringen. Das haben Stimulationsversuche mit zu Winkeln angeordneten Balken ergeben. Allerdings schien die Überschrift, unter der die Zellen in dieser Studie das Bild verschlüsselten, nicht »Winkel« zu lauten, sondern schlicht »zwei Balken dieser und

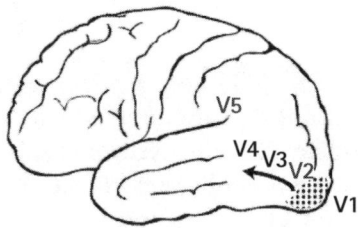
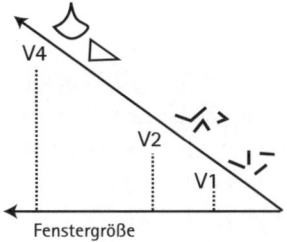

Links: Die von der primären Sehrinde (V1) eingeleitete Entzifferung visueller Signale wird in den daran anschließenden Rindenarealen (V2 bis V5) fortgesetzt. Die Komplexität der erkannten Bildelemente sowie die Größe des jeweils eingesehenen Netzhautareals (rezeptives Feld) nehmen dabei stetig zu (rechtes Bild).

jener Ausrichtung«. Denn mit jedem Balken für sich genommen wurde das gleiche Ergebnis erzielt wie mit den entsprechenden Kombinationen. Neun von zehn Zellen in V2 haben rezeptive Felder vom komplexen Typ. In der anschließenden V3-Region sinkt ihr Anteil auf knapp 50 Prozent. Der Rest rekrutiert sich aus Zellen, die Hubel und Wiesel als »hyperkomplex« bezeichneten: Sie reagierten nicht nur auf Kanten, sondern auch auf Ecken bestimmter Ausrichtung, Größe und Position.

Das Areal, in dem die in V1, V2 und V3 aus dem Netzhautbild extrahierten Konturschnipsel in primitive Formen überführt werden, liegt am Übergang zum Schläfenlappen und wird »quartäre Sehrinde« oder »V4-Region« genannt. Die Fenster, durch die V4-Neuronen in die Welt schauen, sind um ein mehrfaches größer als das eines V1- oder V2-Neurons. Was sie in diesen erblicken, stellt die Summe der Einzelteile dar, die die mit ihnen jeweils verschalteten V2- bzw. V3-Zellen durch ihre schmalen Ausblicke erspäht haben. Man kann sich das in einer Übertragung bzw. in einem Bild deutlich machen: Nimmt man das Alphabet als den Code, mit dem das Gehirn visuelle Sinneseindrücke verschlüsselt, wäre V4 die Setzerei, in der die Drucktypen angefertigt werden. Sechsundzwanzig Lettern. Würde das ausreichen, um allen Objekten der sichtbaren Welt einen Namen zu geben? Ohne Frage. Die Zahl der möglichen Kombinationen wäre unermesslich groß. Unsere Sprache ist der beste Beweis dafür. Es bereitet ihr keine Schwierigkeiten, das Riesenarsenal an Worten, über das sie bereits verfügt, ständig um neue Schöpfungen zu bereichern.

9. Blobs

Als Hubel und Wiesel dazu übergingen, an Stelle von weißem jetzt farbiges Licht zur Stimulation von Zellen auf der primären Sehrinde einzusetzen, stießen sie auf eine besondere Art von Neuronen, die ihnen bisher weder in der Netzhaut noch im seitlichen Kniehöcker begegnet war. Zellen dieses Typs besaßen ein aus einem Zentrum und einem Umfeld zusammengesetztes rezeptives Feld und reagierten beispielsweise auf zentrale Lichtreize im Rotbereich mit einer Steigerung, im Grünbereich dagegen mit einer Hemmung ihrer Aktivität. Weißes Licht im Zentrum hatte dagegen so gut wie keine Wirkung. Ebenso wenig waren nennenswerte Effekte zu erzielen, wenn Zentrum samt Umfeld rotem, grünem oder weißem Licht ausgesetzt wurden.

Das Verhalten dieser Zellen war am einfachsten damit zu erklären, dass bei ihnen nicht nur das Zentrum gegenüber dem Umfeld, sondern jeder der beiden Bereiche noch einmal in sich selbst nach dem Gegenfarbenprinzip verschaltet war. Zellen ähnlicher Art waren zuvor in der Netzhaut von Fischen entdeckt worden und unter dem Namen »Doppel-Gegenfarbenzellen« in die wissenschaftliche Literatur eingegangen.

Die Doppel-Gegenfarbenzellen werden heute als die Grundbausteine des reinen Farbsehens betrachtet. Im Gegensatz zu den einfachen Gegenfarbenzellen der Netzhaut und des seitlichen Kniehöckers ermöglicht ihr Bauplan das Erkennen von Farbkontrasten, und zwar selbst dann, wenn zwei aneinandergrenzende Farbfelder die gleiche Lichtstärke besitzen. So wird eine Zelle mit der zentralen Verschaltung R+/G– und der peripheren R–/G+ auf einen in den R+/G– Bereich projizierten roten Fleck vor einem grünen Hintergrund gleicher Helligkeit mit einer massiven Steigerung ihrer elektrischen Aktivität antworten, da das Signal der Rot-Rezeptoren im Zentrum (R+/G–) durch die Stimulation der positiv verschalteten Grünrezeptoren im Umfeld (G+/R–) noch verstärkt wird. Kurz: Rot wirkt noch »röter«, wenn es in der Gesellschaft seiner Gegen- oder Komplementärfarbe, eines grünlichen Blaus, dem Auge dargeboten wird. Und Gelb wirkt »gelber« in der Nachbarschaft von Blau. Maler und Floristinnen wissen das.

Jedoch nicht allein die Fähigkeit, lokale Farbkontraste zu erfassen und hervorzuheben, macht Doppel-Gegenfarbenzellen für das Farbsehen so wertvoll. Dadurch, dass die im Zentrum gemessene Farbe stets in Relation zu derjenigen des Umfelds gesetzt wird, behalten Objekte in unserer Wahrnehmung weitgehend ihre Farbe also auch dann, wenn sich die spektralen Eigenschaften der Lichtquelle ändern. So imponiert eine rote Rose immer noch als rot, wenn die Sonne nicht mehr hoch am Himmel steht, sondern blutrot am Horizont versinkt.

Ende der 1970er Jahre machte Margaret Wong-Riley, Neuroanatomin in Kalifornien, eine interessante Entdeckung. Sie teilte Hubel und Wiesel mit, dass sich in der Sehrinde von Totenkopfäffchen durch Anfärbung eines Eiweißes, das in Körperzellen zur Energieproduktion beiträgt, Bereiche hoher Stoffwechselaktivität gegen solche mit geringerer Aktivität abgrenzen lassen. Hubel betraute seinen Doktoranden Jonathan Horton damit, der Sache im Gehirn von Makakenaffen nachzugehen. Dieser fertigte von der V1-Region nicht nur Schnitte senkrecht zur Hirnoberfläche, sondern spaßeshalber auch tangential dazu an und stellte fest, dass, von oben betrachtet, Farbkleckse zur Darstellung kamen, die wie die Perlen einer Kette innerhalb der okulären Dominanzstraßen aufgereiht waren. Neugierig geworden, machte sich Hubel mit seiner jungen Mitarbeiterin Margaret Livingstone daran, die Neuronen dieser »Blobs«, wie er die Zellnester von da an nannte, zu charakterisieren. Zu ihrer Überraschung stellte sich heraus, dass bis zu 70 Prozent der in diesen Blobs enthaltenen Zellen farbempfindlich waren. Beim größten Teil von ihnen waren sowohl das Zentrum als auch das Umfeld in sich jeweils farbantagonistisch verschaltet. Es handelte sich also um Doppel-Gegenfarbenzellen.

10. Was ist wo?

Ein Tag Anfang der achtziger Jahre des vergangenen Jahrhunderts. In einem abgedunkelten und schallgeschützten Raum der neuropsychologischen Abteilung am National Institute of Health Bethesda, Maryland, sitzt ein Rhesusäffchen vor einem Tablett, auf dem sich ein roter Metallturm und zwei mit identischen Deckeln verschlossene Futternäpfe befinden. Das Tier weiß: Einer der beiden Näpfe ist leer, der andere mit Erdnüssen gefüllt. Welches der Napf mit den Leckerbissen ist, hat es in mehr als 100 Übungseinheiten, in denen die Position des Turms immer wieder verändert wurde, gelernt: Die Nüsse sind stets in dem Napf versteckt, der näher am Turm steht. Um an die Nüsse zu kommen, muss es also zuerst die Abstände zwischen dem Turm und den Näpfen abschätzen und dann den Deckel desjenigen Napfes anheben, der vom Turm am wenigsten weit entfernt ist. Dass es diese Spielregel dauerhaft in seinem Kopf gespeichert hat, erwies sich in einem Nachtest, bei dem das Äffchen ebenso zielsicher den Deckel des turmnahen Napfes anhob, wie es das zwei Wochen zuvor am Ende der Lernphase getan hatte. Doch diesmal scheint ihm die Wahl schwerzufallen. Als es schließlich zögernd den leeren Napf öffnet, nicken sich die beiden Experimentatoren, Mortimer Mishkin und Leslie Ungerleide, freudig zu. Das Ergebnis entspricht ihren Erwartungen. Bei dem Tier wurde zwei Wochen vor Testbeginn an beiden Hirnhälften jeweils die Rinde der hinteren Anteile des Scheitellappens entfernt, also jenes Areal, das vor ihnen bereits andere Untersucher mit der Fähigkeit, sich im Raum zu orientieren, in Zusammenhang gebracht hatten.

Um die Frage zu klären, ob mit der Entfernung des hinteren Scheitellappens lediglich die Fähigkeit, Objekte einander räumlich zuzuordnen, oder auch das Vermögen, diese Objekte anhand ihres äußeren Erscheinungsbildes zu identifizieren, verlorengeht, wird das Äffchen noch einem weiteren Test unterzogen. Erneut sitzt es vor dem Tablett mit den beiden Futternäpfen. Diesmal fehlt allerdings der Turm zur Markierung des Napfes mit den Nüssen. Statt seiner trägt der Deckel über dem Futter nun ein dickes Plus. Der Deckel auf dem leeren Napf ist mit einem Minuszeichen versehen. Nach mehreren Versuchen hat das Äffchen die Beziehung zwischen dem Positivzeichen

A   B

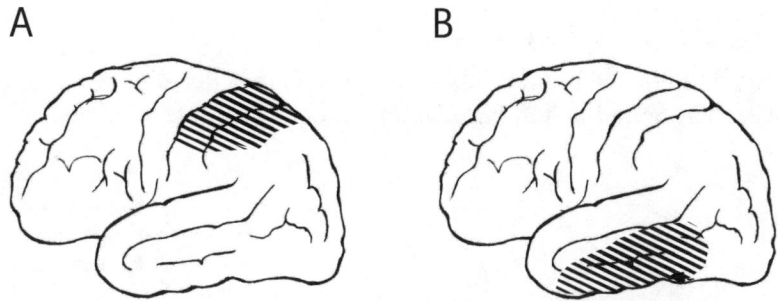

Ungerleiders und Mishkins Experiment zur Identifikation der Rindenareale, die über das »Was« und »Wo« eines Objekts befinden. A: partielle Abtragung des Scheitellappens führt zum Verlust der Fähigkeit der räumlichen Zuordnung. B: Nach Abtragung der Hirnrinde im unteren Schläfenlappenbereich werden Objekte nicht mehr als solche erkannt.

und den Nüssen erfasst bzw. die Bedeutung des Positivzeichens verstanden. Selbst dann, wenn das Futter zusammen mit dem Plus auf dem Deckel die Seiten gewechselt hat, wählt es den richtigen Napf. Die Zahl der Fehlversuche, die es bis zum Erreichen dieses Lernziels hinter sich gebracht hat, unterscheidet sich nicht von der gesunder Artgenossen, die das gleiche Programm absolviert hatten. Wieder nicken sich Mishkin und Ungerleider zu. Zur Identifikation von Objekten leistet der hintere Scheitellappen offenbar keinen Beitrag. In welchem Hirnareal sich diese Fähigkeit verbirgt, enthüllt eine weitere Versuchsreihe mit Affen, bei denen der untere Teil beider Schläfenlappen operativ entfernt worden war. Diese Tiere versagen bei der Aufgabe, die beiden Näpfe anhand der Markierung mit einem Plus oder Minus auseinanderzuhalten. In der Einschätzung, wie weit der Turm von den Näpfen entfernt ist, sind sie jedoch ebenso erfolgreich wie nicht-operierte Tiere.

Aus diesen Beobachtungen schlossen Ungerleider und Mishkin, dass das Gehirn bei der Erkennung eines Objekts und bei dessen räumlicher Einordnung unterschiedliche Wege einschlägt: Nach Verlassen der V2-Ebene gabelt sich der visuelle Datenstrom in zwei Äste auf. Derjenige, der sich damit befasst, um »was« es sich bei dem Gesehenen handelt, zieht auf der unteren, also beim Vierbeiner dem

Bauch zugewandten (*ventralen*) Seite des Gehirns zum Schläfenlappen. Der andere, der auskundschaftet, »wo« im Raum sich ein Objekt befindet, zieht nach oben, also beim Vierbeiner der dem Rücken zugewandten Seite (*dorsal*) zum Scheitellappen.

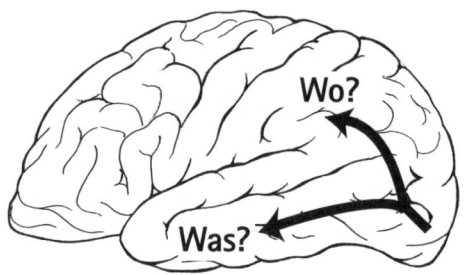

Zur Objekterkennung und zur Ermittlung der Objektposition im Raum schlägt das Gehirn getrennte Wege ein.

Der Beweis, dass das menschliche Gehirn bei der Identifikation und Verortung von Gegenständen ganz ähnlich verfährt und die Frage nach dem »Was« an den Schläfenlappen das »Wo« an den Scheitellappen delegiert, ergibt sich aus Untersuchungen an Menschen, die in diesen Bereichen Defekte aufweisen. So berichtet der Neurologe und Bewusstseinsforscher António Damásio von zwei Patienten mit Schädelverletzungen, in deren Folge es zu Ausfällen in der räumlichen Orientierung bzw. der Identifizierung von bestimmten Objekten kam. Der eine, ein 31-jähriger englischer Offizier, hatte durch eine Splitterverletzung einen Teil des rechten Scheitellappens eingebüßt. Die Folge war ein Mangel in der räumlichen Zuordnung von Objekten. Im Alltag äußerte sich dies unter anderem in einer Unsicherheit beim Treppensteigen, da er die Abstände zwischen den einzelnen Stufen nicht richtig einzuschätzen vermochte. Bei Tests, in denen es darum ging, den richtigen Weg durch ein einfaches Labyrinth zu finden, versagte er fast völlig. Das Erkennen von Formen bereitete ihm dagegen keine Schwierigkeiten: So vermochte er Gesichter, die nur in Form von Schattierungen angedeutet waren, problemlos durch Linien zu vervollständigen.

Beim zweiten Fall handelte es sich um einen 29-jährigen Soldaten, der knapp vor dem rechten Ohr von einem Splitter getroffen worden war. Das Geschoss hatte das Kiefergelenk zerschmettert und war dann in den rechten Schläfenlappen eingedrungen. Dieser Patient meisterte in Nachuntersuchungen alle Aufgaben, deren Lösung das Erkennen räumlicher Strukturen voraussetzt, wie etwa jene, den richtigen Weg durch ein Labyrinth aufzuspüren oder die Zahl der Würfel auf einer Abbildung zu benennen, ebenso schnell und erfolgreich wie gesunde Versuchspersonen. Was ihm jedoch zeitlebens allergrößte Schwierigkeiten bereitete, war die Identifikation ihm vertrauter Personen anhand ihres Porträts. Als Folge der Schädelverletzung war er gesichtsblind geworden.

Als die Wissenschaft wenige Jahre später über ein als funktionelle Kernspin- oder Magnetresonanz-Tomographie bezeichnetes technisches Verfahren verfügte, mit Hilfe dessen sich ohne Eröffnung des Schädels aktive Hirnregionen von weniger aktiven abgrenzen ließen, man also das Denkorgan gewissermaßen bei der Arbeit beobachten konnte, überprüften Ungerleider und Mitarbeiter, inwieweit die Idee von der Gabelung des Sehprozesses in eine ventrale und eine dorsale Bahn auch beim gesunden Menschen zu finden ist. Es zeigte sich, dass bei der Aufgabe, Objekte zu identifizieren, eine Region tätig wird, die sich vom seitlichen Hinterhaupt bis in den Übergang zwischen Scheitellappen und Schläfenlappen erstreckt. Bei der Einschätzung von Punktabständen zu bestimmten Markierungslinien wurde dagegen in Ergänzung zum seitlichen Hinterhauptslappen ein Bezirk auf dem Scheitellappen aktiv.

11. Von der Form zum Objekt

Der Weg zur Erkenntnis kann in der Forschung oft recht verschlungen sein. Häufig sind es Zufallsbeobachtungen, die auf die richtige Spur führen. Die Entdeckung des Schläfenlappens als Schlüsselstelle im Prozess der Objekterkennung ist ein Beispiel dafür.

Wink aus der Rauschgiftszene

In den 1930er Jahren beschäftigte sich der Deutsch-Amerikaner Heinrich Klüver mit dem Wirkungsmechanismus des Meskalins, eines Rauschmittels, dessen halluzinatorische Wirkung er auch am eigenen Leib erprobt hatte. Da die unter der Droge auftretenden Erscheinungen wie etwa schmatzende Lippenbewegungen den Vorboten von Krampfanfällen ähneln und diese häufig vom Schläfenlappen ausgehen, vermutete er, dass der Angriffspunkt des Meskalins in diesem Hirnareal stecken würde. Zusammen mit dem Neurochirurgen Paul Bucy entfernte er bei Affen die Schläfenlappen und beobachtete die Reaktion der Tiere auf das Rauschmittel. Es stellte sich heraus, dass sie auf die Droge nicht anders reagierten als vor der Operation oder wie gesunde Artgenossen. Auffallend war allerdings eine Art »psychische Blindheit«: Da das Sehvermögen selbst nicht beeinträchtigt war, bestand die Schwierigkeit offensichtlich darin, die Bedeutung von Objekten zu erfassen oder diese zu erinnern. Die Tiere neigten vermehrt dazu, Gegenstände abzutasten oder zu belecken, und fraßen Material, das sie vor der Operation für ungenießbar gehalten hatten. Typische affektive Verhaltensweisen wie Ängstlichkeit oder Ärger waren nahezu vollständig verschwunden.

Durch selektives Abtragen von Schläfenlappen-Regionen gelang es Mortimer Mishkin und seinen Mitarbeitern einige Jahre später, das Gebiet genauer einzugrenzen, auf dessen Verlust die Störungen in der visuellen Wahrnehmung der Tiere zurückzuführen waren. Es handelte sich um ein etwa 20 Quadratzentimeter großes Areal auf dem unteren Schläfenlappen, das als »inferiorer Temporallappen« (IT) bezeichnet wird. Die Veränderungen im affektiven Verhalten hatten allerdings mit diesem nichts zu tun. Sie waren dadurch bedingt worden, dass in den Experimenten von Klüver und Bucy nicht nur der temporale Cortex, sondern jeweils auch der sich dicht dahinter befindliche Mandelkern entfernt worden war.

Mishkins Beobachtung wurde 40 Jahre später in funktionellen Magnetresonanz-Studien (fMRI) vollauf bestätigt. Werden Versuchspersonen Objekte wie Gesichter, Hände, Früchte, Gebrauchsgegenstände, Häuser oder Landschaften präsentiert, so kommt es im IT-Bereich zu einer deutlichen Steigerung der Hirnaktivität. Das Muster, das sich dabei in der fMRI-Darstellung auf der Oberfläche abzeichnet, variiert von Objektkategorie zu Objektkategorie.

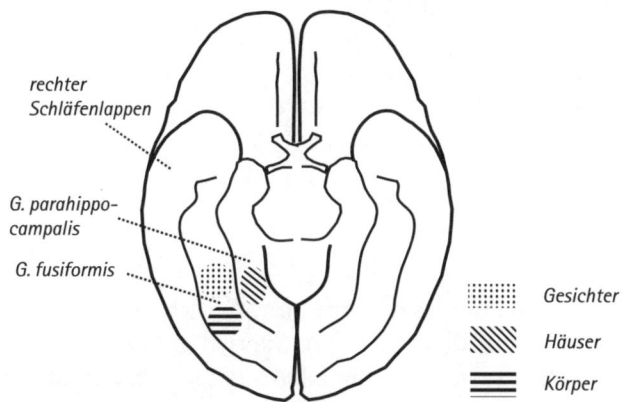

Gehirn, von unten betrachtet. Man erkennt die Sehnervenkreuzung und seitlich darunter die beiden Schläfenlappen mit den Hirnwindungen *Gyrus fusiformis* und *parahippocampalis*, auf denen schematisch die Areale für die Erkennung von Gesichtern, Gebäuden und Körperformen eingezeichnet sind. (Nach Haxby u. a., 2001.)

Es bestehen zwar weitläufige Überlappungen, die Brennpunkte, an denen die Aktivierung jeweils ihr Maximum hat, sind jedoch meist klar voneinander abgesetzt. Am deutlichsten kommt dies beim Vergleich der Kategorien »Plätze« und »Gesichter« zum Ausdruck. Beide aktivieren den hinteren bis mittleren Abschnitt des IT. Die Reaktion auf die Präsentation von Gesichtern konzentriert sich dabei jedoch auf eine wegen ihrer Spindelform als »fusiform« bezeichnete Hirnwindung (*Gyrus fusiformis*), während die Antwort auf Häuser, Innenräume oder Landschaften in dem zur Mitte hin angrenzenden Bereich, der parahippocampalen Hirnwindung, zu beobachten ist. Auch die Schwerpunkte für Gesicht- und Körpererkennung finden sich räumlich voneinander abgesetzt. Eines der identifizierten körperspezifischen Areale teilt sich zwar mit dem Gesichtsareal die Hirnwindung, liegt aber mit seinem Zentrum eindeutig hinter dem Gesichtsareal. Am Übergang vom Hinter- zum Schläfenlappen finden sich zwei weitere gesichts- bzw. körperselektive Zonen, die noch näher beieinanderliegen.

Die je nach Objektkategorie unterschiedlichen Muster der Aktivierung sind innerhalb ein und derselben Person so zuverlässig reproduzierbar, dass sich der Amerikaner James Haxby, einer der ersten, die sich mit den modernen bildgebenden Verfahren auf die Jagd nach objektselektiven Arealen machten, zu der Behauptung hinreißen ließ, er könne aus dem Aktivitätsmuster darauf schließen, welchem optischen Stimulus die Person gerade ausgesetzt war.

Tanakas Flasche

Wie genau im Temporallappen der Vorgang der Objekterkennung im Detail abläuft, lässt sich allein mit der Magnetresonanz nicht feststellen. Ihr Auflösungsvermögen liegt bei etwas weniger als einem Kubikmillimeter Rindengewebe, einem Volumen also, in dem mehrere Zehntausend Nervenzellen mit jeweils etwa zehntausend synaptischen Verbindungen liegen. Die Reaktion einzelner Neuronen auf visuelle Reize kann also nur über die Registrierung ihrer elektrischen Aktivität ermittelt werden. Da im Gegensatz zur MRI zelluläre Ableitungen nicht ohne Zugang zum Schädelinneren durchführbar sind, ist die Wissenschaft bei solchen Untersuchungen vor allem auf Versuchstiere angewiesen. Bevorzugtes Studienobjekt sind wiederum Affen, da ihr visuelles System funktionell und organisatorisch sehr große Ähnlichkeit mit dem menschlichen aufweist.

Bei der Ableitung einzelner Neuronen stellten Neurophysiologen fest, dass auf der Rinde der unteren Schläfenlappenregion das Gesichtsfeld nicht mehr wie in V1 und V2 punktgenau abgebildet wird. Das Prinzip der exakten retinotopen (also der Anordnung auf der Retina entsprechenden) Organisation wird also verlassen. Das kann nur bedeuten, dass an dieser Stelle der Sehprozess ein Stadium erreicht hat, in dem die Verschlüsselung der räumlichen Beziehung von Bildfragmenten abgeschlossen ist. Diese werden also nicht mehr einzeln, sondern nur noch im Kontext mit anderen Komponenten erkannt. Sie sind zum integralen Bestandteil einer Gestalt avanciert.

Die Vermessung der rezeptiven Felder ergab, dass die Netzhautareale, aus denen IT-Neuronen ihre Information beziehen, vier- bis zehnmal größer sind als die der V1-Neuronen. Fast alle schließen das Zentrum des Gesichtsfeldes ein. Für die Ausmaße der rezeptiven Felder bietet sich eine einfache Erklärung an: Sie resultieren jeweils aus der von unten nach oben orientierten Konvergenz neuronaler Verknüpfungen. Die großen rezeptiven Felder der IT-Neuronen setzen sich also wie ein Flickenteppich aus den kleineren der sie kontaktierenden Neuronen zusammen.

Die Ergebnisse von Einzelzellableitungen im Verlauf des ventralen Pfades stützen die Hypothese einer schrittweisen Objektrekonstruktion. Sie zeigen, dass die Komplexität der optimalen Stimuli umso ausgeprägter ist, je weiter sich die Bildverarbeitung von der primären Sehrinde in Richtung Schläfenlappenspitze entfernt.

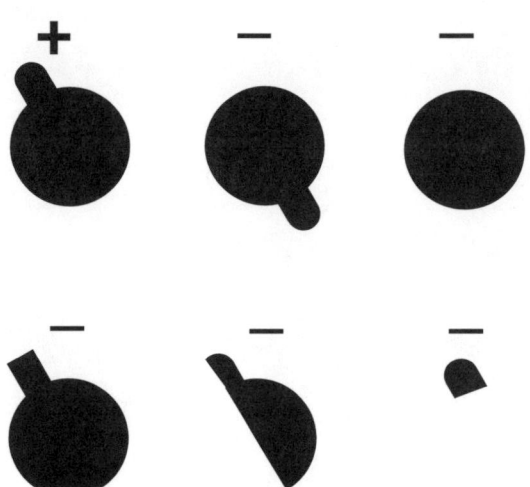

Tanakas Flasche. Stimulation (+) einer Zelle im vorderen unteren Schläfenlappen eines Affen durch die Präsentation der oben links dargestellten Flasche. Keine Aktivierung (–) gelang mit den dargestellten Formvarianten und Fragmenten. (Nach Tanaka, 1996.)

Im hinteren *inferotemporalen Cortex* zeigen viele Zellen gegenüber einzelnen Konturelementen nur noch eine träge oder gar keine Reaktion mehr. Sie feuern aber, wenn ihnen diese in Gruppen präsentiert werden. Voraussetzung ist dabei, dass sie in einer bestimmten räumlichen Beziehung zueinander stehen. Der Japaner Keiji Tanaka und seine Arbeitsgruppe lieferten ein anschauliches Beispiel für diese Beziehung. Ihnen glückte die Identifikation einer Zelle, die selektiv auf die speziellen Umrisse einer Flasche reagierte. Wurde das Bild der Flasche auf den Bauch oder den Hals reduziert oder um 180° gedreht, so kam es zu einem drastischen Einbruch der Signalintensität.

12. Ein Gesicht! Ein Gesicht!

Zwei Sinnesorgane sind es, mit Hilfe derer sich die Menschen untereinander verständigen, das Auge und das Ohr. Das Auge kann Personen am Gesicht erkennen und darin Gedanken lesen. Das Ohr lauscht den Worten, mit denen sie sich mitteilen. Für die sprachliche Verständigung hat die Natur das Gehirn mit einem speziellen Hör- und Sprachzentrum ausgestattet. Ein so grundlegender Prozess wie die Erkennung von Gesichtern hat ebenfalls sein eigenes Territorium.

Nebel zwischen Hut und Kragen

Dass sich das Gehirn bei der Identifikation von Gesichtern und Objekten unterschiedlicher neuronaler Systeme bedient, lehren Beobachtungen an Patienten, deren visuelle Wahrnehmung eingeschränkt ist, obwohl sie über eine normale Sehschärfe verfügen. Einige von ihnen können Gesichter voneinander unterscheiden, haben aber Probleme mit der Benennung von Objekten, obwohl sie diese skizzieren und damit also sehen können. Die Neurologen haben für diese Störung den Begriff »Objektagnosie« geprägt.

Dem gegenüber steht ein Krankheitsbild, bei dem die Patienten keine Schwierigkeiten mit der Differenzierung von Objekten haben, jedoch bei dem Versuch versagen, ihnen vertraute Personen am Gesicht zu erkennen. Der deutsche Neurologe, Psychiater und Philosoph Joachim Bodamer hat für diese Form der Gesichtsblindheit den Begriff »Prosopagnosie« geprägt. Er war Ende des Zweiten Weltkrieges als Militärarzt zur Betreuung Hirnverletzter abkommandiert worden und dabei einer Reihe von Patienten begegnet, bei denen die visuelle Wahrnehmung in Mitleidenschaft gezogen war. In seiner »Die Prosopagnosie« betitelten Schrift beschäftigt er sich besonders ausführlich mit dem Fall des Patienten S., dem ein Geschoss in den Schädel eingedrungen war und offenbar solche Teile des Gehirns zerstört hatte, die mit der Erkennung von Gesichtern befasst sind. Die Sehfähigkeit von S. war jedoch nicht beeinträchtigt. Er nahm Gegenstände, Landschaften sowie Farben wahr und verfügte über ein gutes visuelles Gedächtnis. Problematisch waren also allein Gesichter. Das eigene Spiegelbild erschien ihm ebenso fremd wie die Gesichter von Familienmitgliedern oder Freunden. Auch seine Fähigkeit, Tiere an deren charakteristischen Gesichtszügen zu identifizieren, war deutlich eingeschränkt. Als Bodamer ihm ein Gemälde von Albrecht Dürer vorlegte, auf dem Wohlgemut, der Lehrer des Künstlers, mit Samtkappe und Pelzkragen dargestellt ist, beantwortet er die Frage, was er auf dem Bild sehe, korrekt mit »ein Gesicht« und deutet zum Beweis mit dem Finger auf Augen, Mund und Nase. Er konnte jedoch nicht entscheiden, ob es sich um das Porträt eines Mannes oder einer Frau handelt und ob die Person jung oder alt ist. Bodamer klärte ihn auf und zeigte ihm wenige Tage später das Bild erneut. Das Bild wurde von S. sofort wiedererkannt. Die Identifikation erfolgte allerdings, wie er eingestand, nicht über das Gesicht, sondern über die auffällige Kappe. Als er tags darauf wieder mit dem Bild konfrontiert wurde, auf dem diesmal die Kleidung und Kappe Wohlgemuts verdeckt sind, kann er sich nicht erinnern, es je gesehen zu haben. Gesichter bedeuteten nichts für ihn, erklärte er, sie sähen für ihn alle gleich aus. Sie erschienen ihm wie eingenebelt, flache, helle Scheiben, seltsam verwischt, mit einem Paar dunkler Augenflecke darin.

Die zerebralen Sehhilfen zur Gesichtserkennung

Hätten der Medizin die diagnostischen Mittel unserer heutigen Zeit zur Verfügung gestanden, so wäre bei dem Patienten S. möglicherweise ein Defekt an der Unterseite des rechten Schläfenlappens entdeckt worden, also dort, wo eine als *Gyrus occipitotemporalis lateralis* bezeichnete Hirnwindung verläuft. Wegen ihrer Ähnlichkeit mit einer Spindel wird sie auch *fusiformer Gyrus* genannt. Auf ihr hat die amerikanische Neuropsychologin Nancy Kanwisher mit Hilfe der funktionellen Magnetresonanz ein Rindenareal ausfindig gemacht, das selektiv auf die Frontalansicht von menschlichen oder tierischen Gesichtern reagiert. Immer dann, wenn in der Bildserie, die sie den Versuchspersonen präsentierte, ein Gesicht auftauchte, kam es am Übergang vom occipitalen zum temporalen Anteil des *Gyrus fusiformis* zu einer massiven Aktivitätssteigerung. Verglichen mit der Reaktion auf verschiedene symmetrisch gestaltete Gebrauchsgegenstände wie etwa Fahrzeuge, Häuserfronten mit Fenstern, die ähnlich wie Mund und Augen angeordnet waren, Hände und einen Mix von aus dem Zusammenhang gerissenen miteinander verrührten Gesichtskomponenten fiel sie etwa sechsmal stärker aus. Der Bezirk hatte ungefähr die Größe eines Zwei-Cent-Stückes (1 cm^2) und war bei den meisten Probanden auf der rechten Hirnhälfte stärker ausgeprägt als auf der linken. Kanwisher führte dafür entsprechend der anatomischen Lage den Namen »fusiformes Gesichtsareal«, abgekürzt FFA (von engl. fusiform face area), ein.

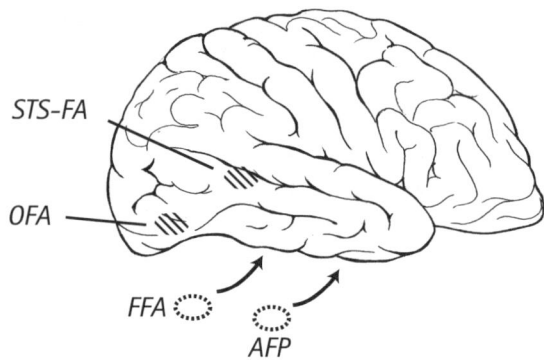

Gesichtsspezifische Rindenareale. Das Gesichtsareal auf der fusiformen Windung (FFA) sowie der vordere Gesichtsfleck (AFP) liegen auf der Unterseite des Schläfenlappens und sind damit in der seitlichen Ansicht nicht einsehbar. OFA: okzipitales Gesichtsareal. STS-FA: im oberen Schläfenlappengraben (STS) gelegenes Gesichtsareal, das spezifisch für die Registrierung von Blickrichtungen ist.

Bei den meisten Probanden kamen noch zwei weitere gesichtsselektive Areale zur Darstellung. Sie waren allerdings kleiner und reagierten nicht mit der gleichen Konstanz und Intensität wie das FFA auf Gesichter. Das eine hat seinen Sitz im oberen Schläfenlappengraben (*Sulcus temporalis superior*, STS) und trägt deshalb die Kurzbezeichnung »STS-FA«, das andere liegt auf der unteren Hinterhauptswindung (*Gyrus occipitalis inferior*) und wird »occipitales Gesichtsareal« (OFA) genannt.

Jahre später wurde am vorderen Ende des Schläfenlappens noch ein weiteres gesichtsselektives Areal beim Menschen entdeckt, nämlich der vordere Gesichtsfleck (AFP).

Die Bedeutung des fusiformen Gyrus in der Verarbeitung von Gesichtern bestätigten Studien mit Menschen, die an einem schweren, therapieresistenten Krampfleiden (Epilepsie) litten. Zur Lokalisation der krampfauslösenden Herde und zur Prüfung der Möglichkeit einer Resektion wurden solchen Kranken unter Betäubung Elektrodenstreifen unter die Schädeldecke implantiert, über die in 5- bis 10-mm-Abständen die elektrischen Spannungsfelder auf der Oberfläche des Gehirns abgegriffen werden konnten. Einige Tage nach dem Eingriff wurde zur Erhöhung der Krampfbereitschaft ein Schlafentzug durchgeführt und anschließend auf dem Gehirn nach Spontanentladungen gefahndet. Im Rahmen solcher Sitzungen wurden den wachen Patienten im Wechsel mit verschiedenen Objekten wie Gebrauchsgegenständen, Pflanzen oder Tieren menschliche Porträts präsentiert und dabei die Hirnaktivität gemessen. Die Mehrzahl der Punkte, an denen in Beantwortung von Gesichtern eine Aktivitätssteigerung beobachtet wurde, fand sich auf dem Schläfenlappen und dort innerhalb des *Gyrus fusiformis* sowie in der Nähe des oberen Schläfenlappengrabens (*Sulcus temporalis superior*, STS).

Das als Elektrokortikographie (ECG) bezeichnete Verfahren ermöglicht es, den zeitlichen Ablauf einer visuellen Wahrnehmung zu ermitteln. Die frühesten Signale wurden 130 bis 140 Millisekunden nach der Einblendung eines Gesichts registriert. Das bedeutet, dass die Datenübertragung von der primären Sehrinde, auf der sich die ersten Zeichen einer Aktivierung etwa 90 Millisekunden nach Bildexposition einstellen, bis zum fusiformen Gesichtsareal 40 bis 50 Millisekunden in Anspruch nimmt.

Die Zelle, die Gesichter mit einer Bürste verwechselte

Einer der ersten, dem es gelang, objektselektive Neuronen im unteren Schläfenlappen mittels Einzelzellableitung nachzuweisen, war der Biologe und Neuropsychologe Charles Gross, ein Freund Mishkins. Er arbeitete am Massachusetts Institute of Technology in Cambridge, also nur drei Kilometer Luftlinie von dem Labor an der Harvard University in Boston entfernt, in dem Hubel und Wiesel kurz zuvor ihre aufsehenerregenden Untersuchungen zum Aufbau der rezeptiven Felder von V1-Neuronen angestellt hatten. Im Unterschied zu Hubel und Wiesel benutzte Gross als optische Stimuli nicht nur einfache geometrische Formen wie Punkte, Balken oder Ecken, sondern auch natürliche Gegenstände, die unter anderem dem Umfeld des Labors entnommen waren. Ermutigt hatte ihn zur Verwendung solch komplexer Signale ein Besuch bei dem polnischen Psychologen Jerzy Konorski in Warschau, der den kuriosen Begriff der »gnostischen Zellen« in die Welt gesetzt hatte. Diese Zellen sollten Konorskis Hypothese zufolge auf die Erkennung hochkomplexer Gegenstände wie Werkzeuge oder Möbelstücke sowie von Tieren, Gesichtern oder Körperteilen spezialisiert sein und ihren Sitz im Schläfenlappen haben. Außerdem hatten bereits Hubel und Wiesel anlässlich ihrer Entdeckung von hyperkomplexen Zellen prophezeit, dass mit wachsendem Abstand von der primären Sehrinde auch die Komplexität der Formen, deren Netzhautbild Neuronen des höheren visuellen Cortex reizt, zunehmen würde.

In der Tat stießen Gross und Mitarbeiter bei ihren elektrophysiologischen Untersuchungen im unteren Schläfenlappenbereich auf eine Reihe von Zellen, die auf typische V1-Stimuli wie Balken und Kanten eine nur schwache Reaktion zeigten, aber beispielsweise angesichts der Umrisse einer Hand in heftige Erregung gerieten. Eine Beobachtung erschien ihnen dabei so merkwürdig, dass sie sich zunächst scheuten, sie zu veröffentlichen, um sich nicht dem Verdacht der Unseriosität auszusetzen. Es handelte sich um die Entdeckung, dass einige Neuronen ausgerechnet beim Abbild einer 0-förmigen Bürste ein Feuerwerk elektrischer Entladungen abbrannten. Das Rätselraten hatte ein Ende, als sie die entfernte Ähnlichkeit mit den Köpfen des männlichen Laborpersonals erkannten, das sämtlich Bärte trug. Als sie dem Phänomen mit Abbildungen von menschlichen Gesichtern und solchen von Affen systematisch auf den Grund gingen, zeigte sich, dass beim Affen der Schläfenlappen in einer als »oberer temporaler Sulcus« (STS) bezeichneten Einstülpung tatsächlich Neuronen beherbergt, die selektiv auf die Darstellung von Gesichtern reagieren. Die Präsentation von Gesichtsfragmenten ließ die Neuronen ebenso kalt wie ein willkürliches Sammelsurium aus Balken und Linien oder eine Hand.

Gibt es eine Mona-Lisa-Zelle?

Wie schon die Untersuchungen von Hubel und Wiesel am Thalamus und an der primären Sehrinde deuten auch die Beobachtungen von Charles Gross darauf hin, dass die Verarbeitung visueller Eindrücke nach einem hierarchischen Prinzip erfolgt. Jedes Neuron höherer Ordnung steht jeweils mit einer Vielzahl von Nervenzellen darunterliegender Ebenen in Kontakt, deren Information es zu einem gemeinsamen Signal verarbeitet und nach oben weiterreicht. Würde sich der Sehprozess bis in seine letzten Verästelungen nach diesem Schema abspielen, so wäre an der Spitze der Pyramide aus konvergierenden Verbindungen eine Zelle zu erwarten, in der die gesamte Information zu einem Objekt wie etwa einem Gesicht verschlüsselt wird. Es ist noch nicht allzu lange her, dass die Existenz solcher Superneuronen von Wissenschaftlern ernsthaft in Erwägung gezogen wurde: Die einen nannten sie »Kardinalzellen«, andere »Gnostische Zellen«, und wieder andere sprachen von »Großmutterzellen«.

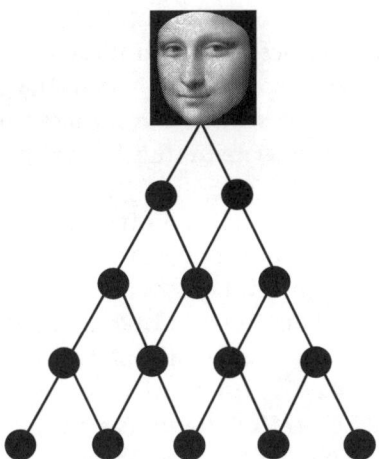

Endet der Prozess der Decodierung einer visuellen Wahrnehmung in einer Superzelle, die auf der Spitze einer Pyramide aus konvergent mit der jeweils nächsthöheren Ebene verschalteten Neuronen thront und im Besitz des Schlüssels zu dieser und keiner anderen Wahrnehmung ist?

»Großmutterzellen«? Der Begriff hat, wie unschwer zu erahnen ist, einen anekdotischen Hintergrund. Er wurde von dem amerikanischen Neurophysiologen Jerome Ysrael Lettvin in die Welt gesetzt, der zur Illustration der Idee, eine einzelne Nervenzelle könnte die gesamte Information zum Erscheinungsbild von Objekten oder Personen beinhalten, seinen Studenten am Massachusetts Institute of Technology eine Geschichte zu erzählen pflegte. Darin sucht der Protagonist eines zur damaligen Zeit ungemein populären Romans (Philip Roths *Portnoy's Beschwerden*) den Hirnchirurgen Akakhi Akakhievitch auf, um sich mit dessen Hilfe von der zwanghaften Vorstellung, über all seinen Handlungen schwebe stets das wachsame Auge seiner überfürsorglichen Mutter, befreien zu lassen. Der Doktor nämlich behauptet, im Gehirn Zellen entdeckt zu haben, in denen das Bild der Mutter des jeweiligen Trägers abgespeichert ist, »Mutterzellen« also. Um der mütterlichen Omnipräsenz im Kopf des jungen Mannes ein Ende zu machen, kommt er dessen Wunsch nach und reseziert den entsprechenden Hirnanteil. Der Eingriff verläuft offenbar erfolgreich: Der Patient kann sich danach zwar noch lebhaft an die Lieblingsspeise seiner Kindheit, Eierkuchen, erinnern, auf die Frage, wer diese zubereitet habe, bleibt er jedoch die Antwort schuldig. Doktor Akakhievitch soll sich danach, beflügelt von diesem Erfolg, der Erforschung von »Großmutterzellen« zugewandt haben. Die Geschichte machte in Neurophysiologenkreisen schnell die Runde, und der Begriff »Großmutterzelle« wurde zum vielzitierten Synonym für objektspezifische Neuronen.

Bis heute wurde im visuellen Cortex jedoch keine einzige Zelle gefunden, die es bezüglich ihrer Spezifität mit Dr. Akakhievitch' Neuronen hätte aufnehmen können. Keine der als gesichtsselektiv bezeichneten Zellen ist ganz frei von Überkreuzreaktionen mit gesichtsverwandten Stimuli. Das wohl originellste Beispiel dafür stellt das Neuron dar, dem Charles Gross auf dem Schläfenlappen begegnete und das angesichts einer Toilettenbürste in ähnlich heftige Erregung geriet wie beim Anblick vollbärtiger Wissenschaftler.

Wenn also die Spezifität der Gesichtzellen tatsächlich so breit ausgerichtet ist: Wie muss man sich dann den Vorgang der Identifikation von Gesichtern vorstellen? Zur Beantwortung dieser Frage haben der

Engländer Malcolm Young und der Japaner Shigeru Yamane knapp hundert gesichtsselektive Zellen auf dem Schläfenlappen von Makaken während eines Testes abgeleitet, in dem die Tiere mehr als ein Dutzend Personen anhand deren fotografischer Porträts voneinander unterscheiden mussten. Für jede Zelle wurde die Zahl der Aktionspotentiale, die sie vor und während der Darbietung eines Gesichts abfeuerte, ermittelt und rechnerisch zu den Antworten aller übrigen Zellen in Beziehung gesetzt. Es zeigte sich, dass die Zellen unter den angebotenen Gesichtern jeweils ein Gesicht besonders favorisierten, jedoch nicht ausschließlich auf dieses fixiert waren. Gesichter, die hinsichtlich bestimmter Merkmale wie etwa des Augenabstands oder der Distanz zwischen Nasenwurzel und Haaransatz dem bevorzugten glichen, riefen ebenfalls eine Antwort hervor. Je größer die Übereinstimmung in den geometrischen Parametern war, umso stärker fiel die Aktivierung aus. Angesichts dieser Überschneidungen überraschte es nicht, dass auf die Präsentation eines Porträts jeweils nicht eine, sondern ein ganzes Ensemble von Zellen reagierte. Wie aus der rechnerisch ermittelten Verteilung der neuronalen Aktivitäten innerhalb der Gesamtpopulation zu ersehen war, wechselte die Zusammensetzung des Ensembles von Gesicht zu Gesicht: Für jedes Gesicht ergab sich ein eigenes neuronales Verteilungsmuster.

Die Aussage der Studie war eindeutig: Die Erkennung eines Gesichts ist nicht das Werk einer einzelnen Zelle, sondern sie ist Teamarbeit. Es gibt keine »Großmutterzellen«, in deren Signalen jeweils ein komplettes Gesicht verschlüsselt ist. Die Information verteilt sich auf eine Vielzahl von Zellen, deren Angaben jede für sich genommen eher vage sind, in der Summe aber die konkrete Beschreibung eines bestimmten Gesichtes ergeben. Es wird also selbst im Kopf des heißblütigsten Verehrer der Kunstikone keine »Mona-Lisa-Zelle« zu finden sein, mit Sicherheit aber eine »Mona-Lisa-Population«.

Worin liegt der Vorteil, die Verschlüsselung der Merkmale eines Gesichts nicht einer einzelnen Zelle anzuvertrauen, sondern die Arbeit auf mehrere Neuronen zu verteilen? Der Vorteil liegt in der gewaltigen Einsparung an Ressourcen. Lägen in einer einzigen Zelle sowohl die Aspekte »langes Haar«, »lächelnder Mund« und »Blickkontakt« in verschlüsselter Form vor, so wäre die Aussage ihrer Information zwar ziemlich konkret, ihr Einsatz bei der Charakterisierung von Gesichtern jedoch allein auf diese Kombination beschränkt. Wäre sie dazu eingerichtet, nur auf die Präsentation »lächelnder Mund« zu feuern, so könnte sie zusammen mit zwei anderen, die auf »langes Haar« bzw. auf »auf den Betrachter gerichtete Augen« reagieren, zur Beschreibung von acht verschiedenen Gesichtern dienen, nämlich »lächelnd«, »langes Haar«, »kein Blickkontakt« oder »nicht lächelnd«, »langes Haar«, »Blickkontakt« et cetera. Darüber hinaus muss mit dieser Strategie für den Fall, dass ein noch unbekanntes Gesicht auftaucht, nicht zeitlebens eine riesige Anzahl unbeschriebener Zellen auf Vorrat gehalten werden. Um ein Gesicht zu verschlüsseln, genügt eine Kombination von Neuronen, die bereits gelernt haben, seine individuellen Merkmale zu erkennen.

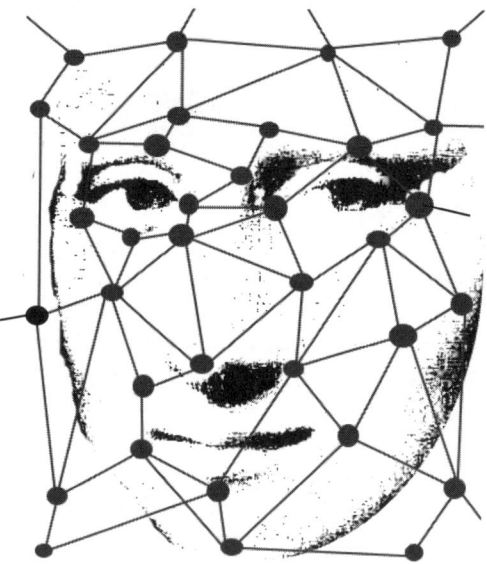

Gesichter werden im Gehirn nicht durch eine Zelle, sondern ein ganzes Ensemble von Zellen einander ergänzender Spezifität repräsentiert.

13. Gleiche Welle, gleiches Motiv

Wie gelingt es dem Gehirn, aus dem Feuerwerk neuronaler Entladungen, dem es beim Anblick eines Bildes ausgesetzt ist, die Signale genau derjenigen Zellen herauszufiltern, die sich zur Verkörperung eines bestimmten Motivs wie etwa des Flusses in einer Landschaft oder der rechten und der linken Hand in Mona Lisas Schoß jeweils zu einem Ensemble zusammengeschlossen haben? Die Signalintensität allein wäre ein höchst zweifelhafter Indikator für eine Zusammengehörigkeit. Denn in der Häufigkeit der Entladungen der beteiligten Zellen kommt lediglich der Grad der Übereinstimmung eines Bildelementes mit den von einem Neuron erkannten charakteristischen Merkmalen wie etwa Orientierung, Bewegungsrichtung oder Farbe sowie deren Intensität zum Ausdruck. Die Identifikation eines Ensembles und seine Abgrenzung gegenüber anderen wären damit nicht zu bewerkstelligen. Feuerten die Neuronen zeitgleich und mit gleicher Intensität, würden sich ihre Aktivitätsmuster überlagern und die Entschlüsselung der von ihnen jeweils repräsentierten Objekte wäre unmöglich. Wie kann das Problem gelöst werden?

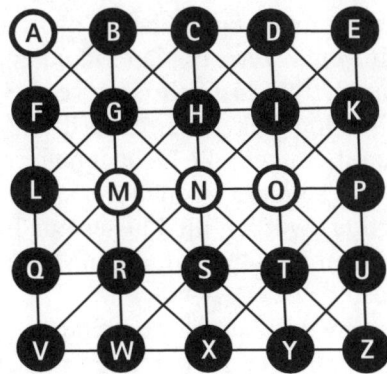

Netzwerksimulation

Lassen wir zur Beantwortung der Frage eine Schulklasse »Neuronales Netzwerk« spielen. Jedes Kind ist mit einer Taschenlampe ausgerüstet und verkörpert einen bestimmten Buchstaben des Alphabets. Nachdem im Klassenraum das Licht ausgeschaltet wurde, machen sich die Kinder erwartungsgemäß einen Spaß daraus, ihre Lampen an- und auszuknipsen. Aus der Vogelperspektive betrachtet gleicht die Szene einem Himmel voller zeitlich unkoordiniert durcheinanderflackernder Sterne. Erst die Aufforderung, immer dann, wenn ein auf einem Bildschirm angezeigter Name den von ihnen repräsentierten Buchstaben enthält, ein kurzes Lichtsignal abzugeben, bringt Ordnung in das Chaos. Vor dem Hintergrund einiger weniger regellos eintreffender Signale zeichnet sich nun für jeden Namen ein charakteristisches Muster ab: Dasjenige für »Mona« ist deutlich von dem für »Benci« oder »Salai« zu unterscheiden. Mit einiger Übung könnte ein Beobachter die in den Verteilungsmustern verschlüsselten Namen erraten. Voraussetzung wäre allerdings, dass die Lichtzeichen, die einen Namen repräsentieren, möglichst gleichzeitig aufblinken. Lägen sie, beispielsweise infolge stark unterschiedlicher Reaktionszeiten, zeitlich nicht eng genug beieinander, würde sich ihr Muster im Hintergrundrauschen der anderen Lichtblitze verlieren.

Schwierig wird es für den Fall, dass nicht jeweils ein, sondern gleich zwei oder noch mehr Namen auf dem Schirm präsentiert werden. Nach den geltenden Spielregeln würden sich die Muster der Lichtsignale übereinanderprojizieren und wären damit nicht mehr voneinander abzugrenzen. Den Informatikern ist das Phänomen als »Superpositionskatastrophe« bekannt. Wie lässt sie sich vermeiden? Eine ebenso elegante wie einfache Möglichkeit bestünde darin, dass sich die Teilnehmer des Spiels darauf einigen, die Lichtsignale für die einzelnen Namen nicht gleichzeitig, sondern zeitlich versetzt abzugeben. Vor den Augen des Betrachters würden die Muster nur für einen kurzen Moment isoliert aufblitzen, und die von ihnen verkörperten Namen könnten erkannt werden.

Die Idee, dass das Gehirn dem inneren Auge Sinneseindrücke auf ähnliche Weise präsentiert, kam Anfang der 1970er Jahre auf. In einer Abhandlung zum Mechanismus der Formerkennung mutmaßt der kanadische Neuropsychologe Peter Milner, dass die Nervenzellen, die sich zur Verkörperung einer bestimmten Figur oder eines Objektes zu einem Ensemble zusammengeschlossen haben, im gleichen Takt feuern. Zellgruppen, die unterschiedliche Figuren repräsentieren, würden innerhalb ihres Ensembles jeweils synchron, in Relation zu den anderen aber zeitlich versetzt feuern.

Der Göttinger Neuroinformatiker Christoph von der Malsburg, ehemaliger Teilchenphysiker, erweiterte diese Vorstellung durch Einführung einer dynamischen Komponente: In seiner als »Korrelation der Hirnfunktionen« bezeichneten Theorie behauptete er, dass Synapsen für Bruchteile von Sekunden ihre Bereitschaft zur Informationsübertragung aktivieren und dann wieder abstellen können. Ähnlich wie in einem Schienennetz durch Änderungen in der Weichenstellung Fahrtrouten variiert werden, könnten so in Anpassung an die mit unseren springenden Blicken ständig wechselnden Bilder Zellensembles umorganisiert werden.

Erste Hinweise, dass diese Vermutungen der biologischen Wirklichkeit ziemlich nahekommen, lieferten wenige Jahre später die Experimente einer Forschergruppe in Deutschland.

Oszillationen

Wir befinden uns am Max-Planck-Institut für Hirnforschung in Frankfurt a.M. Es ist das Jahr 1986, ein abgedunkelter Raum in der Abteilung des Neurophysiologen Wolf Singer. Elektronische Messgeräte sind auf Metallgerüsten aufgetürmt, an ihren Frontseiten flackern Signallämpchen, Kabelstränge treten wie Riesen-Axone an ihren Rücken aus. Dazwischen sitzt in einer Kiste eine Katze, die zusieht, wie vor ihr auf einem beleuchteten Schirm ein Gitter heller Balken hin und her wandert. Was sich dabei in den Neuronen ihrer primären Sehrinde ereignet, wird mittels haarfeiner Elektroden registriert und auf Apparaturen übertragen, in deren Fenster die elektrischen Aktivitäten als feine Nadeln oder zu gefransten Bändern verdichtet vorüberziehen. Zusätzlich werden die Entladungen in akustische Signale umgeformt. Treten diese vereinzelt auf, ertönt ein lautes Knacken. Erhöht sich ihre Zahl, hört es sich an wie das Prasseln eines Kaminfeuers. Die Experimentatoren wollen an dem Modell der nur wenige Wochen alten Katze herausfinden, wie Zellen das Sehen verlernen, wenn ein Auge abgedeckt wird, und wie sie diese Fähigkeit nach der Entfernung der Klappe wiedererlangen. Als sie die Einstellung an einem Gerät verändern, um bestimmte Entladungsfrequenzen herauszufiltern, lässt sie ein tiefer Brummton aufhorchen, der durch Schwingungen im Frequenzbereich um etwa 40 Hertz hervorgerufen wird. Der erste Gedanke, es könnte sich um ein Kunstprodukt handeln, bestätigt sich nicht: Die Frequenz harmoniert weder mit der zeitlichen Abfolge, mit der sich die Gitterstäbe über den Bildschirm vor der Katze bewegen, noch mit der Wechselspannung des Stroms, der die Geräte speist. Auch Überlagerungen von elektrischen Muskelpotentialen können ausgeschlossen werden. So bleibt die Vermutung, dass der optische Stimulus Zellen entsprechender Orientierungs- und Richtungsspezifität veranlasst hat, ihre Entladungen nicht unkoordiniert, sondern zeitlich aufeinander abgestimmt abzufeuern.

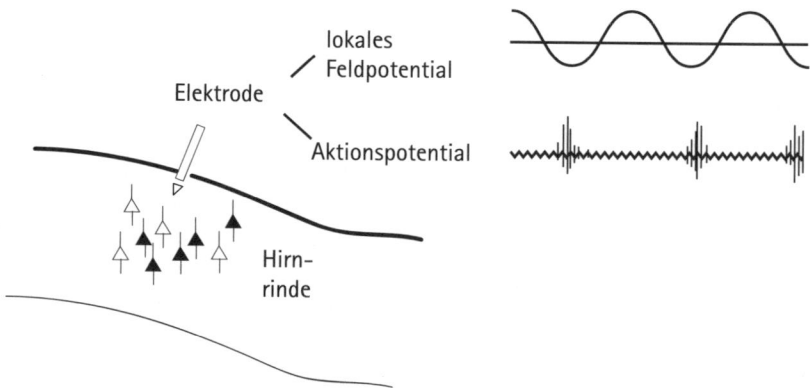

Neuronen, die sich zur Verkörperung einer bestimmten Struktur (im obigen Beispiel MONA) zu einem Ensemble (weiße Pyramide) zusammengeschlossen haben, feuern synchron. Die rhythmischen Entladungen lösen im Umfeld elektrische Spannungsschwankungen aus, die in der Registrierung nach Ausblendung der Einzelaktionen als oszillierendes lokales Feldpotential zur Darstellung kommen.

Eine Serie systematischer Untersuchungen erhärtete den Verdacht. Die Zellen kortikaler Orientierungssäulen auf der primären Sehrinde beantworten spezifische Lichtreize mit der Harmonisierung ihrer Entladungen. Stellt man das Registriergerät, das die von den Hirnelektroden wahrgenommenen Spannungsänderungen aufnimmt, so ein, dass nicht mehr die Impulse einzelner Zellen, sondern die sich aus der Summe der elektrischen Ereignisse ergebenden Veränderungen des elektrischen Feldes in ihrer Umgebung erkannt werden, so kommt eine wellenförmige Kurve zur Darstellung. Der Abstand zwischen den Senken bzw. Gipfeln beträgt etwa 25 Millisekunden. Das lokale Feldpotential schwingt also mit einer Frequenz von etwa 40 pro Sekunde (40 Hz). Auf den Lautsprecher übertragen wird daraus der tiefe Brummton, der die beiden Forscher so stutzig gemacht hatte.

Stellen die Oszillationen das Bindeglied dar, das Zellen kurzfristig zu einer Informationsgemeinschaft zusammenschweißt? Nach den experimentellen Befunden von Charles Gray, der als Nachwuchsforscher aus den USA zu der Frankfurter Gruppe gestoßen war, sieht es sehr danach aus. Er fand heraus, dass zwei Zellgruppen selbst dann, wenn sie auf der primären Sehrinde mehrere Millimeter voneinander entfernt gelegen sind, im Gleichtakt zu oszillieren beginnen, sobald sich ein Lichtbalken adäquater Ausrichtung durch ihre rezeptiven Felder bewegt. Wird der Balken zweigeteilt und ziehen die Hälften getrennt für jede der Zellgruppen, aber zeit- und richtungsgleich vorüber, so geraten sie etwas aus dem Takt. Marschieren die beiden Teile in entgegengesetzter Richtung durch ihre rezeptiven Felder, ist es mit der Harmonie völlig vorbei. Die Oszillationen können nicht mehr zur Deckung gebracht werden, die beiden Gruppen feuern asynchron. Diese Beobachtungen bestätigen, was Milner und von der Malsburg vermutet hatten: Bildelemente, die zusammengehören, werden von Zellensembles repräsentiert, die im gleichen Takt feuern. »Bindung durch Synchronisierung« lautet die Kurzformel dafür.

Wie sich in weiteren Untersuchungen herausstellte, antworten nicht nur Zellen der primären Sehrinde auf einen gemeinsamen Reiz im gleichen Takt. In den Chor ihrer synchronen Oszillationen stimmen auch höheren Ortes Einheiten ein, die von dem Reiz angesprochen werden. So wurden am Übergang zwischen Schläfen- und Scheitellappen, also dort, wo die Position von Objekten räumlich eingeordnet und Bewegungen registriert werden, Zellgruppen entdeckt, die phasengleich mit Zellen der V1-Region oszillierten, wenn sich ein Lichtbalken durch die entsprechenden rezeptiven Felder bewegte.

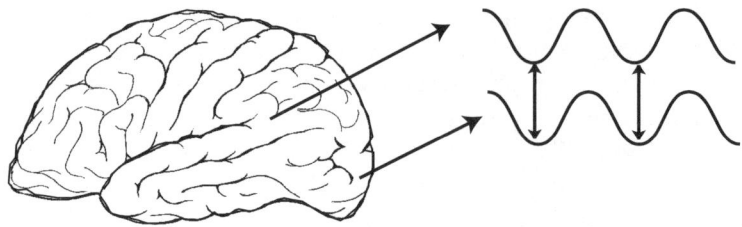

Netzwerke, die mit dem gleichen Motiv befasst sind, oszillieren phasensynchron.

Auch die an der Lösung komplexer visueller Aufgaben beteiligten Zellpopulationen tauschen ihre Informationen im Gleichtakt aus. Dies geht aus einer Studie hervor, in der Probanden ein Gesicht erkennen mussten, das lediglich aus Hell-Dunkel-Kontrasten zusammengesetzt war. In den elektroenzephalografischen Registrierungen zeigte sich, dass im Falle der Erkennung eines Gesichtes die in Arealen des Hinterlappens beobachteten Oszillationen mit denen des Scheitellappens und die des Schläfenlappens mit solchen des Stirnhirns korrespondierten. Wurden den Probanden Bilder vorgesetzt, auf denen die Hell-Dunkel-Kontraste so vermischt waren, dass aus ihrer Anordnung kein Gesicht herausgelesen werden konnte, war dagegen keine Synchronisation nachzuweisen.

Einstimmigkeit findet Gehör

Die Zahl der synaptischen Eingänge, über die ein kortikales Neuron an seinen Dendriten verfügt, wird auf 5000 bis 10000 geschätzt. Entsprechend hoch ist die Zahl der Signale, die auf die Zelle einprasseln. Die Wahrscheinlichkeit, die Zelle aus ihrem Ruhezustand zu reißen, ist jedoch gering, solange die Signale unkoordiniert eintreffen. Die elektrischen Veränderungen, die sie an der Zellmembran hervorrufen, sind zu schwach und von zu kurzer Dauer, um eine Entladung auszulösen. Erst wenn sich innerhalb weniger Millisekunden sehr viele synaptische Übertragungen ereignen, wird die Schwelle erreicht, ab der das Neuron zu feuern beginnt. Dies ist einer der Gründe dafür, warum nervöse Impulse nicht regellos, sondern zeitlich gebündelt abgegeben werden. Es erhöht sich damit die Wahrscheinlichkeit, dass die Nachricht tatsächlich bis zum Empfänger durchdringt. Schlachtenbummler kennen dieses Phänomen. Jubeln sie alleine der von ihnen favorisierten Mannschaft zu, geht ihr Ruf im tosenden Lärm der Arena unter. Schließen sie sich dagegen mit anderen zu einem Chor zusammen, so dringt ihre Botschaft hinauf bis zu den obersten Rängen.

14. Ein Porträt entsteht

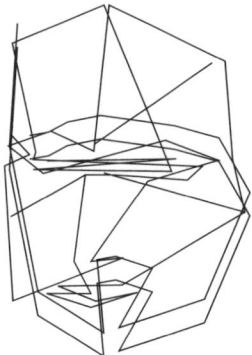

Eye tracking. Leonardos Blicksprünge bei der Vermessung von Lisas Gesicht.

Der Meister sitzt vor seinem Modell, den Stift in der Hand, einen Karton auf dem Schoß. Sein Blick wandert prüfend über Lisas Gesicht. Würde man auf seine Augen einen Lichtstrahl schicken und dessen Reflex einfangen, ähnlich wie es die Wahrnehmungspsychologen beim sogenannten »Eye tracking« tun, könnte man die Stationen der Inspektion auf einem Routenplan festhalten. Zuerst springt der Blick zwischen ihren Augen hin und her, schießt dann von der Nasenwurzel zum Haaransatz, von da zum Mund und zum Kinn, wiederholt das Ganze zur Sicherheit ein paarmal und wendet sich schließlich dem leeren Blatt zu, um die Hand bei der Niederlegung dessen, was der Meister gerade ähnlich wie ein Geometer vermessen hat, zu führen.

Als erstes würde er sich der Augenpartie widmen. Dann gleitet sein Stift den Rücken der Nase hinab bis zur Spitze, wo er eine Pirouette dreht, bevor er die Position des Mundes mit einem kleinen Querstrich andeutet. Aus der Ferne gesehen bilden die Striche auf dem Papier nun so etwas wie ein großes T. Wird dieses noch mit einem Oval umgeben, so besteht für den Betrachter hinter dem Rücken des Meisters kein Zweifel mehr, was hier entstehen soll. Er hat die Rohfassung eines Gesichts vor sich. Die Pforten zu der Maschinerie in seinem Kopf, die auf die Enttarnung von Gesichtern spezialisiert ist, haben sich geöffnet. Allerdings sind die Signale noch zu spärlich, als dass sich herausfinden ließe, wer genau sich hinter der Darstellung verbirgt, ob es sich also um ein männliches oder weibliches Wesen handelt, ob die Person schon einmal gesehen wurde, ob sie Blickkontakt hat und ob sie zürnt oder dem Betrachter wohlgesonnen ist. Um dem Porträt Identität und Ausdruck zu verleihen, bedarf es noch einiger Feinarbeit.

Kufflers Urenkel

Wie Nancy Kanwishers Untersuchungen gezeigt haben, existieren beim Menschen wenigstens drei gesichtsspezifische Hirnareale, nämlich das FFA, das OFA und das STS-FA. In welcher funktionellen Beziehung stehen sie zueinander? Sind sie wie die Montagestationen an einer Fertigungsstraße hintereinander aufgereiht, deren Endprodukt Gesicht heißt?

Eine Forscherin, die sich die Beantwortung dieser Frage zum ehrgeizigen Ziel gesetzt hat und dabei von Erfolg zu Erfolg eilt, ist die junge Chinesin Doris Tsao. Wissenschaftsgenealogen würden sie als Urenkelin Stephen Kufflers bezeichnen. Sie startete ihre Karriere an der Talentschmiede Harvard Medical School, wo sie sich unter der Ägide von David Hubels Nachfolgerin Margaret Livingstone zunächst mit dem Phänomen des räumlichen Sehens auseinandersetzte. Ein glücklicher Zufall führte sie mit dem deutschen Elektrophysiologen Winrich Freiwald zusammen, der nicht weit entfernt von ihr am Massachusetts Institute of Technology bei Nancy Kanwisher, der Entdeckerin des FFA, arbeitete. Es entwickelte sich eine enge Kooperation, aus der in den folgenden Jahren eine Reihe aufsehenerregender Veröffentlichungen zu den Mechanismen der Gesichtserkennung hervorging.

Eine ihrer ersten Studien widmete sich der Topographie der Rindenareale, in denen bei Makaken die Verarbeitung von Gesichtern stattfindet. Entgegen der vorherrschenden Meinung, dass bei diesen Tieren die gesichtsselektiven Neuronen mehr oder weniger diffus über den Schläfenlappen verstreut sind, stellten die beiden Forscher in fMRI-Studien fest, dass sich die Verteilung auf lediglich sechs Bereiche konzentriert. Im Scan waren diese wie die Inseln eines Archipels entlang des oberen Schläfenlappengrabens (STS) aufgereiht. Ihre Präferenz für Gesichter war eindeutig. Mit den Darstellungen von Personen ohne Kopf, von Händen oder Früchten und Gegenständen mit Umrissen ähnlich dem Oval von Gesichtern wie beispielsweise Uhren wurde nur ein Bruchteil der Signalintensität erzielt, die sich unter der Frontalansicht von Gesichtern einstellte.

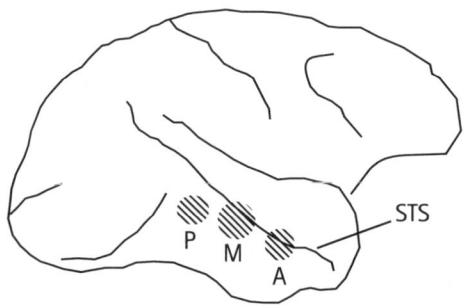

Hinterer (P), mittlerer (M) und vorderer (A) Gesichtsfleck auf dem Schläfenlappen des Affenhirns. STS: oberer Schläfenlappengraben. (Modifiziert nach Tsao u. a., 2006.)

Tsao und Freiwald wählten das in der fMRI-Auswertung prominenteste Areal, den sogenannten »Mittleren Gesichtsfleck«, für elektrische Einzelzellmessungen aus. Er befindet auf der Mitte des oberen Schläfenlappengrabens, etwa einen Zentimeter vor der Verbindungslinie zwischen den beiden Gehörgängen. Nachdem sie knapp 500 Zellen abgeleitet hatten, stand fest, dass dort nahezu alle Neuronen gezielt auf die Darstellungen von Menschen- und Affengesichtern antworten. Nicht ganz unerwartet zeigte sich dabei die Reaktion auf Gesichter von Artgenossen immer etwas stärker ausgeprägt als die auf menschliche Gesichter. Voraussetzung für die Erkennung von Gesichtern war, dass sie aufrecht präsentiert wurden. Auf dem Kopf stehend löste ihr Bild nicht viel mehr als ein schwaches Grundrauschen aus.

Nervenzellen nehmen Maß

Welche Merkmale es genau sind, an denen sich einzelne Zellen bei der Gesichtserkennung orientieren, suchten Tsao und Freiwald herauszufinden, indem sie Affen nicht fotografische Porträts, sondern die Zeichnung eines Standardgesichtes vorsetzten und dabei einzelne Zellen des mittleren Gesichtsfleckes ableiteten. In Vorversuchen hatte sich herausgestellt, dass sich gesichtsselektive Zellen mit schlichten Strichzeichnungen von Gesichtern ebenso effizient wie mit deren fotografischem Abbild stimulieren lassen.

Das Standardgesicht setzte sich aus lediglich sieben Grundelementen zusammen, nämlich aus Gesichtsoval, Haaren, Augenbrauen, Augen, Iris, Nase und Mund. Zur Identifikation der Merkmale, auf die sich einzelne Neurone bei der Gesichtserkennung stützen, präsentierten sie den Tieren neben den vollständigen Gesichtern jeweils deren Grundelemente sowie Fehlvarianten, auf denen eines oder mehrere der sieben Grundelemente im Gesicht gelöscht waren.

Mit Einzelkomponenten wie dem Umriss eines Gesichtes oder einem Augenpaar waren den Zellen keine oder im Vergleich zum Vollbild nur submaximale Antworten zu entlocken. Enthielt die Darstellung dagegen mehrere Komponenten, wurden zum Teil ähnlich starke Reaktionen beobachtet wie auf die Darbietung des ganzen Gesichtes hin: Die Zellen waren offensichtlich auf unterschiedliche Gesichtspartien spezialisiert. Die einen entfalteten ihre Aktivität angesichts der Konturen von Haaransatz und Pupillen, andere reagierten auf die Kombination von Augen, Brauen und Gesichtsform.

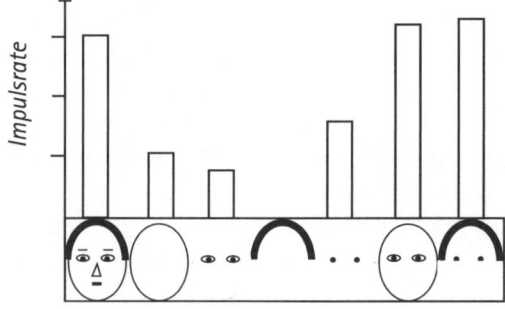

Die Antwort einer Zelle des mittleren Gesichtsflecks auf die Darstellung von einzelnen Gesichtskomponenten und deren Kombination. Die Höhe der Säulen zeigt den jeweiligen Grad der Aktivierung an. (Nach Freiwald u. a., 2009.)

Das Erkennen bestimmter Gesichtselemente war jedoch nicht die einzige Besonderheit, die die Zellen auszeichnete. Sie schienen auch an den Gesichtern Maß zu nehmen. Als Tsao und Freiwald dazu übergingen, die Dimensionen des Standardgesichtes zu modifizieren, zeigte sich, dass neben der Kombination der Gesichtsmerkmale auch deren Ausmaße und wechselseitige geometrische Beziehungen über den Grad der neuronalen Aktivierung entscheiden. Bei über der Hälfte aller untersuchten Zellen änderte sich die Entladungsfrequenz mit der Gesichtsform, bei mehr als 40 Prozent mit der Pupillengröße, ein Drittel reagierte auf Unterschiede in den Gesichtsproportionen und feuerte umso stärker, je weiter Augen, Mund und Nase in Richtung Kinn verschoben waren oder je enger die Augen zueinanderstanden. Bildlich gesprochen gehen die Zellen des mittleren Gesichtsfleckes also offenbar ähnlich wie ein Künstler vor, der eine möglichst getreue Kopie eines Gesichtes anstrebt: Sie legen an die charakteristischen Gesichtspartien ein imaginäres Lineal an und vermessen sie. Das Ergebnis verschlüsseln sie in der Sprache, in der Neuronen miteinander kommunizieren, nämlich in der Zahl der elektrischen Entladungen pro Zeit. Ein solches Zellensemble verkündet also nichts anderes als die Beschreibung eines Gesichtes in seinen sämtlichen Dimensionen.

Ein Netzwerk, das nach Gesichtern fischt

Um herauszufinden, ob zwischen den einzelnen Gesichtsarealen ein Informationsaustausch stattfindet, führten Tsao, Freiwald und ihr Mitarbeiter Sebastian Moeller nacheinander in jeweils eines davon Elektroden ein, versetzten den dort ansässigen Neuronen Stromstöße und beobachteten im MRI, was sich dabei im übrigen Gehirn abspielte. Es stellte sich heraus, dass unter der Stimulation neben dem gereizten Areal immer auch dort die Aktivität aufflammte, wo zuvor bei der Präsentation von Gesichtern die Zeichen einer erhöhten neuronalen Tätigkeit registriert worden waren.

Die Reizung nicht gesichtsselektiver Regionen des Schläfenlappens erzeugte dagegen ein Erregungsmuster, in dem die Gesichtsareale vollständig ausgespart blieben. Dies war ein weiterer Beleg dafür, dass

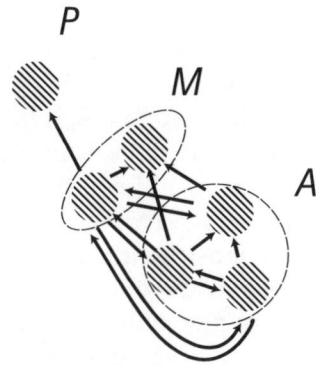

P

M

A

Die Gesichtsareale auf dem Schläfenlappen und ihre Untereinheiten kommunizieren über nervöse Hin- und Rückverbindungen miteinander bei der Entzifferung von Gesichtssignalen. P = posteriorer Gesichtsfleck, M = mittlerer Gesichtsfleck, A = anteriorer Gesichtsfleck. (Nach Moeller u. a., 2008.)

sich das Gehirn bei der Erkennung von Gesichtern auf höherer Ebene nicht mehr des Instrumentariums der allgemeinen Objektidentifikation bedient, sondern auf ein speziell für diesen Vorgang eingerichtetes System zurückgreift.

Dass einige Areale, unabhängig davon, in welchem von beiden die Elektrode platziert war, immer paarweise erregt wurden, deutet darauf hin, dass zwischen ihnen sowohl Hin- als auch Rückverbindungen bestehen. Die Empfängerzellen können sich also jeweils mit den sendenden Zellen kurzschließen.

Picasso am Abgrund

Worum handelt es sich bei den Knotenpunkten im Gesichtsnetzwerk? Sind es Funktionseinheiten zur Bewältigung unterschiedlicher Aufgaben? Entspricht die Anordnung entlang des Schläfenlappens einer Abfolge zunehmend komplexerer Arbeitsprozesse?

Zur Beantwortung dieser Fragen führten Freiwald und Tsao umfangreiche elektrophysiologische Messungen an Zellen der lateralen (ML) und im Fundus des STS (MF) liegenden Untereinheiten des mittleren Gesichtsflecks, dem davor befindlichen AL sowie dem am weitesten zur Schläfenlappenspitze hin gelegenen AM durch. Zur Festlegung der Gesichtsselektivität der Zellen wurden den Tieren in einem ersten Durchgang Objekte und die Frontalansichten von Gesichtern gezeigt. Ein zweiter Durchgang bestand in der Präsentation von ins-

gesamt 25 Personen, deren Gesichter aus unterschiedlichen Blickwin-
keln aufgenommen waren, nämlich frontal, im rechten und linken
Profil und Halbprofil sowie von schräg oben und schräg unten.

Die Zellen im mittleren Gesichtsfleck entwickelten nur mäßiges Interesse dafür, von welcher Person ein Gesicht stammte. Entscheidend
für sie war, aus welcher Perspektive es gesehen wurde. Einige feuerten maximal entweder auf rechts- oder auf linksseitige Profile, andere auf Halbprofile und wieder andere auf Frontalansichten. AL-Neuronen zeigten bereits eine gewisse Vorliebe für ausgewählte Personen. Auch bei ihnen ließ sich eine deutliche Bevorzugung bestimmter
Blickwinkel beobachten. Dabei fiel auf, dass es für sie keine Rolle
spielte, ob ein Profil von links oder rechts dargestellt war. Sie waren
offenbar spiegelbildlich orientiert und akzeptierten beide Ansichten.
Bei den AM-Neuronen an der Schläfenlappenspitze war die Gesichtsselektivität am stärksten ausgeprägt. Aus welcher Perspektive die betreffende Person dargestellt wurde, spielte für ihre Identifikation so
gut wie keine Rolle mehr. Die Zellen hatten offenbar das vor Augen,
was Picasso in seiner Phase des analytischen Kubismus in dem Porträt
von Dora Maar anstrebte: ein En-face-/En-profil-Hybrid.

Pablo Picasso, Frauenbildnis 1941 (Pinakothek der Moderne, München). © Succession
Picasso / VG Bild-Kunst, Bonn 2014.

Die Tatsache, dass der Prozess der Gesichtsverarbeitung von der Grenze zum Hinterlappen bis zur Schläfenlappenspitze fortschreitet, machte Freiwalds und Tsaos Beobachtung wahrscheinlich, dass ML- und MF-Neuronen auf die Präsentation von Gesichtern wenige Millisekunden vor AL-Neuronen antworten und diese wiederum um Millisekunden vor denen im AM. Dies erinnert an die Art und Weise, wie im Gehirn aus Buchstaben Worte oder Begriffe gefügt werden. Das visuelle Wortbildungszentrum (visual word form area) liegt im linken *ventralen occipitotemporalen Cortex* seitlich des mittleren Anteils des *Gyrus fusiformis*. Es ist ebenfalls hierarchisch organisiert. Nonsens-Buchstabenkombinationen werden, wie fMRI-Studien bewiesen haben, am hinteren Ende, ganze Wörter an dem der Schläfenlappenspitze zugewandten Ende verarbeitet.

Gesichter sind Karikaturen eines Normgesichts

Der Mensch kann mehrere Hundert Personen an ihrem Gesicht erkennen. Wie macht er das? Hat er in seinem Kopf eine Galerie von Porträts aller ihm bekannten Personen angelegt, die er in Gedanken mit dem Bild der Gesuchten in der Hand abschreitet? Dies wäre ein ziemlich aufwendiges Verfahren, wenn man bedenkt, dass die Identifikation von Gesichtern in Bruchteilen von Sekunden erfolgt. In wahrnehmungspsychologischen Studien wurde festgestellt, dass die Erkennung einer bekannten Person nur halb so lange dauert, wenn an Stelle einer naturalistischen Abbildung ihres Gesichtes dessen Karikatur präsentiert wird. Dies ist ein deutlicher Hinweis darauf, dass das Gehirn auf Abweichungen einer bestimmten Norm programmiert ist, denn das Wesen der Karikatur besteht in der grotesken Übertreibung von charakteristischen Merkmalen. Der Karikaturist hat sie mit scharfem Auge erkannt und mit ihrer Hervorhebung bereits einen guten Teil der Arbeit erledigt, die der Betrachter in seinem Kopf für die Identifikation leisten muss.

Das Normgesicht ist ein Kunstprodukt. Das Gehirn ist ihm nie begegnet. Es hat es definiert, indem es alle erlebten Gesichter quasi aufeinanderlegte und aus der Summe das Mittel errechnete. Dass Chinesen, gewohnt an die kleinen Nasen ihrer Landsleute, Europäer als Langnasen bezeichnen, obwohl denen die Länge ihrer Nasen ganz normal vorkommt, ist ein Beweis für diese These.

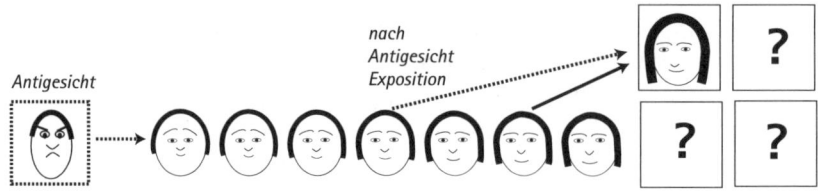

Erfolgt die Erkennung von Gesichtern über den Vergleich mit einem inneren Normgesicht? In diesem Experiment sollte die richtige von vier zur Wahl stehenden Personen anhand einer Serie von Gesichtern zunehmender Ähnlichkeit zu dem Gesuchten benannt werden. Die Identifizierung gelingt früher, wenn der Proband zuvor dem Anblick eines Gesichts mit entgegengesetzten Merkmalen, einem »Antigesicht«, ausgesetzt war.

Zur Überprüfung der Frage, ob Gesichter über den Vergleich mit einem Gesichtsprototyp identifiziert werden, unternahm der Tübinger Neurobiologe David Leopold den Versuch, das Normgesicht kurzfristig abzuwandeln. Die Versuchsteilnehmer wurden aufgefordert, sich die Porträts von vier männlichen Personen einzuprägen. Anschließend wurde anhand einer Serie von Bildern, auf denen ein Gesicht schrittweise die Identität eines der vier Testgesichter annahm, ermittelt, wann die Testperson zum ersten Mal erkannt wurde. Es zeigte sich, dass die Schwelle zur sicheren Identifikation bei einer Ähnlichkeit von etwa 30 Prozent lag. In einem zweiten Durchgang wurde das Experiment wiederholt, allerdings wurden die Teilnehmer unmittelbar vor der Einblendung der Bildserie für einige Sekunden mit einem sogenannten »Gegengesicht« der zu identifizierenden Testperson konfrontiert. Dieses »Gegengesicht« zeichnete sich dadurch aus, dass in ihm alle charakteristischen Merkmale der Testperson ins Gegenteil verkehrt worden waren. So war beispielsweise die für das Gesicht typische breite Nase in eine schmale umgeformt, die hohe Stirn in eine auffallend niedere verwandelt und das füllige Kopfhaar gegen einen kümmerlichen Schopf ausgetauscht worden. Es stellte sich heraus, dass nach Präsentation des »Gegengesichtes« den Versuchspersonen die Identität der Testperson deutlich früher als im ersten Durchgang bewusst wurde. Sie wurde nun bereits bei einer Ähnlichkeit von weniger als 20 Prozent erkannt. Unter der Einwirkung des »Gegengesichtes« war es im Gehirn der Probanden also zu einer Abstumpfung gegenüber dessen gegensinnigen Konturen gekommen, einem Phänomen, das auch bei längerer Exposition gegenüber einem bestimmten Farbton oder hellem Licht auftritt und sich in Form von Nachbildern entgegengesetzter Qualität bemerkbar macht. Die Folge war eine Verschiebung des Normgesichtes vom Original in Richtung des Gegengesichtes und eine Erhöhung seines Abstandes zum Testgesicht. Da ein Gesicht umso sicherer von anderen unterschieden wird, je weiter es von der Norm abweicht, war es also leichter, die Differenzen wahrzunehmen.

Es wird vermutet, dass für jede Gesichtsdimension jeweils zwei Gruppen von Neuronen zuständig sind. Die einen erfassen Abweichungen überdurchschnittlicher, die anderen unterdurchschnittlicher Ausprägung von der Norm. In Bezug auf den Augenabstand würden die Zellen der einen Gruppe also umso stärker feuern, je weiter sich die Augen in Richtung Schläfen voneinander entfernen, die der anderen, je enger sie an die Nasenwurzel rücken: Die Signalstärke wächst also mit der Distanz zum durchschnittlichen Augenabstand. Den exakten Wert des aktuellen Augenabstandes errechnet entsprechend dieser Vorstellung das Gehirn aus der Differenz zwischen den beiden Signalintensitäten. Entspricht der Augenabstand genau dem Durchschnitt, würden die Zellen der beiden Populationen mit gleicher Intensität feuern. Die Signaldifferenz für die Norm betrüge also null. Sinkt die Empfindlichkeit der Neuronen einer Gruppe ab, da sie sich im Zuge einer länger dauernden Exposition an einen bestimmten Wert einer Dimension gewöhnt hat, so verschiebt sich der Schnittpunkt, an dem sich die Signalintensitäten gegenseitig aufheben. Die Adaptation hätte also einen neuen Normwert erzeugt.

Unter der Voraussetzung, dass die Unterscheidung von Gesichtern in der oben beschriebenen Weise abläuft, sollten zumindest größere Abweichungen von der Norm im MRI zu erkennbaren Aktivitätsveränderungen führen. Dass dies tatsächlich der Fall ist, haben fMRI-Studien bewiesen, in denen Versuchspersonen schematisierte Gesichter unterschiedlicher Abmessung dargeboten wurden.

Eine weitere Bestätigung lieferten elektrophysiologische Untersuchungen an Makakenaffen: Je stärker ein Normgesicht abgewandelt wurde, desto heftiger fiel die Antwort gesichtsspezifischer Neuronen auf die Präsentation des Normgesichtes aus.

Blond oder braun? Alt oder jung?

Die visuelle Differenzierung von Objekten ähnlicher Kategorien erfolgt natürlich nicht ausschließlich über ihre Form, sondern auch über die Farbe und Struktur ihrer Oberfläche. Ein Apfel könnte von einem Pfirsich gleicher Größe kaum unterschieden werden, wäre er im Gegensatz zu diesem nicht spiegelglatt und z. B. tiefrot oder grün gefärbt. Ebenso schwer fiele es, Melonen von Kürbissen zu unterscheiden, ohne die für die beiden Früchte jeweils typische Tönung und Maserung der Schale in Betracht zu ziehen. Nicht anders verhält es sich mit der Identifikation von Gesichtern: Die Höhe der Stirn, der Schwung der Brauen, der Schnitt der Augen und des Mundes sind nicht die einzigen Kriterien für die korrekte Zuordnung eines Gesichtes zu einer bestimmten Person. Auch die Beschaffenheit der Oberflächen zwischen den Konturen spielt eine Rolle. Die Augen können blau oder braun sein, die Haare blond, brünett oder dunkel, die Haut glatt oder von Falten durchzogen, der Teint blass oder rosig. Die Verarbeitung der Signale für die Beschaffenheit und Farbe der Oberfläche findet jeweils dort statt, wo aus geometrischen Formen Objekte zusammengefügt werden, also zwischen Hinterlappen und der Schläfenlappenspitze. Allerdings jeweils auf getrennten Wegen.

15. Das innere Auge

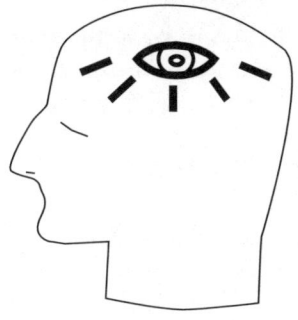

»Nach meiner Erfahrung ist es von nicht geringem Nutzen, des nachts im Bett in seiner Vorstellung immer wieder die Konturen der Gestalten, die man des Tags studiert hat, oder anderer bemerkenswerter Dinge, die man einer eingehenden Betrachtung unterzogen hat, aufzurufen; und dies ist zweifelsohne eine sehr lobenswerte Übung und nützlich, um Dinge dem Gedächtnis einzuprägen.«
(Leonardo da Vinci, *Notebooks*, Oxford World Classics, New Edition 2008, S. 206.)

Ein Besucher, beseelt von dem brennenden Wunsch, die Mona Lisa zu sehen, hat sich in den Weiten des Louvre verlaufen. Das Personal des Hauses kommt ihm mit einem Lageplan zu Hilfe, auf dem der Standort von Leonardos Meisterwerk verzeichnet ist. Als sich herausstellt, dass der Besucher ein Bürger eines sehr fernen, sehr exotischen Landes ist und die Ikone abendländischer Kunst noch nie in irgendeiner Form zu Gesicht bekommen hat, wird ihm, damit er am Ende nicht vor der falschen Dame in Andacht versinkt, zusätzlich eine Kopie der Unbekannten ausgehändigt. Er betrachtet sie für einen Moment mit gespannter Aufmerksamkeit, steckt sie dann in seine Tasche und macht sich auf die Suche nach dem Original.

Er steigt die große Treppe empor, an deren Ende die samothrakische Nike mit wehendem Gewand von ihrem Sockel ins Leere hinausschreitet, biegt nach rechts in einen großen Gang ein und beginnt prüfenden Blickes die Gemächer des Denon-Flügels zu durchkämmen. Im Saal Daru stockt kurz sein Schritt, als Davids »Madame Sériziat« mit freundlichem Lächeln zu ihm herübergrüßt. Aber der Rüschenhut auf ihrem Kopf lässt ihn schnell weiterziehen. Auch mit Ingres Frauen hält er sich nicht lange auf. Madame Rivières Lächeln gilt ganz unverhohlen einem anderen und ihre Tochter sieht ihn mit so viel anklagender Schwermut an, dass auch sie nicht die Gesuchte sein kann. In der Salle des États wird er endlich fündig. Während sein Blick über Besucher und Wände wandert, huscht für einen winzigen Moment etwas durch die Peripherie seines Gesichtsfeldes, das, wenn auch nur schwarz-weiß und ziemlich grob gerastert, dem Bild in seinem Kopfe gleicht. Sein Blick, schon anderweitig unterwegs, springt unwillkürlich zurück, um es genauer in Augenschein zu nehmen. Dann entspannt sich seine Miene. Das muss sie sein. Er ist am Ziel.

Was der Besucher gerade absolviert hat, ähnelt dem, was die Psychologen einen »Delayed matching-to-sample task« nennen. Tests dieser Kategorie werden von ihnen zur Überprüfung des Kurzzeit- bzw. Arbeitsgedächtnisses durchgeführt. Diese Tests laufen in drei Phasen ab. In der ersten Phase wird den Versuchspersonen auf einem Bildschirm ein Objekt (*sample*) gezeigt, das sie sich einprägen sollen. In der zweiten bleibt der Schirm für Sekunden bis Minuten leer (*delay*). In der dritten werden mehrere Objekte präsentiert, darunter auch das eingangs gezeigte, das nun wiedererkannt werden soll (*matching to sample*).

Eigentlich könnte man die Prozedur auch als »Aufmerksamkeits-Test« bezeichnen: Der Prüfling muss, um sich das Objekt einzuprägen, sein ganzes Augenmerk auf dieses richten und darf es nach der Präsentation bis zum Moment seiner Wiedererkennung nicht mehr aus dem geistigen Auge verlieren.

Aufmerksamkeit schärft die Wahrnehmung

Einer der ersten, die sich wissenschaftlich mit der Rolle der Aufmerksamkeit in der visuellen Wahrnehmung auseinandersetzten, war der Sinnesphysiologe Hermann von Helmholtz. Um herauszufinden, wie groß das Maß an Information ist, das der Mensch mit einem Blick aufzunehmen in der Lage ist, führte er Ende des 19. Jahrhunderts einen Selbstversuch durch, dessen experimenteller Ansatz, nämlich die verdeckte Zuwendung der Aufmerksamkeit (»Covert Attention«), heute noch Bestandteil zahlreicher Aufmerksamkeitstests ist. Er baute sich in seinem Heidelberger Institut ein Kästchen mit einem Guck-

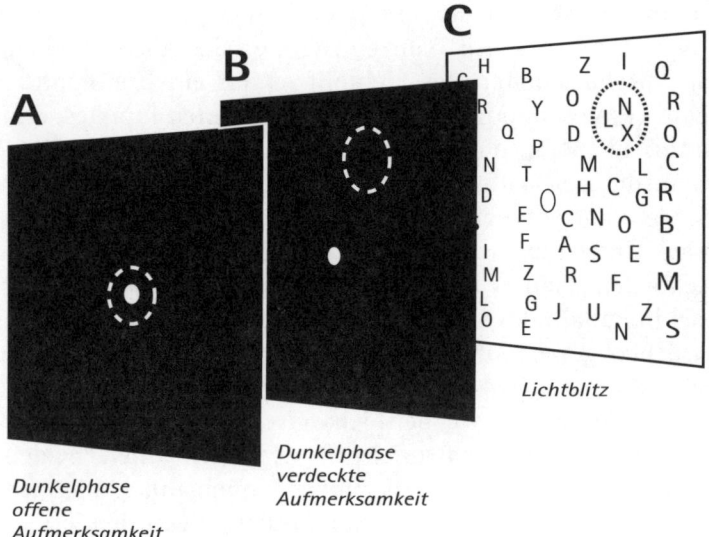

Lichtblitz

Dunkelphase
verdeckte
Aufmerksamkeit

Dunkelphase
offene
Aufmerksamkeit

Helmholtz' Experiment zur Bedeutung der Aufmerksamkeit für die visuelle Wahrnehmung. A: Der Gegenstand der Aufmerksamkeit liegt im Fixpunktbereich (offene Aufmerksamkeit). B: Die Aufmerksamkeit konzentriert sich auf einen Gesichtsfeldausschnitt außerhalb des Fixpunktes, ohne diesen zu verlassen (verdeckte Aufmerksamkeit). C: Ein Lichtblitz lässt für einen kurzen Moment die Buchstaben auf der Rückwand aufscheinen. Obwohl das Auge an dem ursprünglichen Fixpunkt festhält, dringt nun an Stelle der Buchstaben in der Fixpunktumgebung die Buchstabenkombination derjenigen Region ins Bewusstsein, auf die während der Dunkelphase die Aufmerksamkeit ausgerichtet wurde.

loch, durch das man in dem kurzen Moment, in dem der Funken einer elektrischen Entladung das Innere erhellte, die rückwärtige Wandung erkennen konnte. An dieser Wandung befestigte er ein Blatt Papier, das mit Buchstaben bedruckt war. Damit das Auge beim Blick in die dunkle Kammer einen konstanten Anhaltspunkt hatte, an dem es während des Experimentes festhielt, durchbohrte er das Papier samt der hinteren Wandung in der Mitte mit einer Nadel, so dass dort ein winziger Lichtpunkt entstand. Stellte er das Auge auf den Punkt ein und löste den Funkensprung aus, so prägten sich seiner Erinnerung nur die Buchstaben ein, die in der unmittelbaren Nachbarschaft des Fixpunktes gelegen waren. Die in der weiteren Umgebung drangen, obwohl sie innerhalb seines Gesichtsfeldes lagen, kaum in sein Bewusstsein. Konzentrierte er sich aber in seiner Vorstellung vor Einschalten des Lichtblitzes auf ein bestimmtes Areal außerhalb des von ihm in der Papiermitte fixierten Punktes, erinnerte er sich anschließend, ohne den Blick tatsächlich dorthin gelenkt zu haben, an die dort aufgeführten Buchstaben. Der von ihm fixierte Bereich war dagegen weitgehend ausgeblendet.

Spätere Untersuchungen haben gezeigt, dass Objekte nicht nur dann schneller, schärfer und kontrastreicher wahrgenommen werden, wenn sie innerhalb des Gesichtsfeldes an der Stelle auftreten, auf die der Betrachter gerade, ohne den Blick schon dorthin gewandt zu haben, seine Aufmerksamkeit gerichtet hat, sondern auch dann, wenn eines ihrer Merkmale, wie beispielsweise Form, Farbe oder Bewegung, seiner Erwartung entspricht. Psychologen unterscheiden deshalb zwei Formen der Aufmerksamkeit voneinander, nämlich eine räumlich orientierte und eine merkmal- oder objektorientierte.

Aufmerksamkeit ist ein Signalverstärker

Was sich bei »verdeckter« Aufmerksamkeit auf neuronaler Ebene ereignet, hat der Amerikaner Robert Desimone, der zusammen mit seinem Lehrer C. G. Gross erstmals gesichtsselektive Neuronen im Schläfenlappen beschrieb, an Rhesusäffchen untersucht. Den Tieren wurden auf einem Bildschirm nebeneinander zwei unterschiedlich gestaltete Balken präsentiert und gleichzeitig Zellen der V4-Region sowie des inferioren Schläfenlappens, in deren rezeptivem Feld sich die beiden Balken befanden, abgeleitet. Auf Grund ihrer spezifischen Orientierung vermochten die Zellen allerdings nur einen der Balken zu erkennen. Der andere diente zur Ablenkung. Durch Belohnung waren die Tiere darauf trainiert worden, ihre Aufmerksamkeit entweder dem einen oder dem anderen Balken zuzuwenden, ohne den Blick von einem vorgegebenen Fixpunkt zu wenden. Auf diese Weise wurde garantiert, dass sich das Netzhautbild während des Testes nicht durch Blickwendungen veränderte. Immer dann, wenn sich die Aufmerksamkeit eines Tieres auf den Balken mit den von dem abgeleiteten Neuron erkannten Merkmalen konzentrierte, stieg die Zahl der elektri-

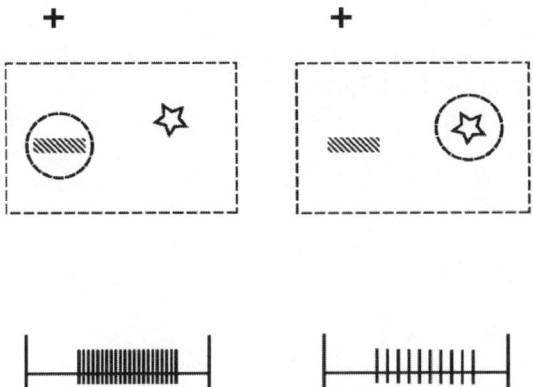

Robert Desimones Experiment zur Aufmerksamkeit. In das »Blickfeld« (großes Rechteck) einer V4-Zelle werden nebeneinander zwei Symbole eingeblendet. Nur das Linke weist die Merkmale auf, die die Zelle aktiv werden lassen. Links: Hat das Äffchen seine Aufmerksamkeit (Kreis), ohne den Blick vom Fixpunkt (+) zu wenden, auf dessen Position gerichtet, fängt die Zelle bei der Einblendung des Bildes zu feuern an (untere Zeile). Rechts: Konzentriert sich das Tier auf den für diese Zelle nicht erkennbaren Stern, fällt die Antwort deutlich geringer aus, obwohl auch in diesem Fall das linke Symbol im Blickfeld erscheint.

schen Impulse dramatisch an. Wurde dieser Balken ignoriert und die Aufmerksamkeit auf den anderen Balken gelenkt, so fiel die Aktivität, obwohl sich der erste weiterhin im Blickfeld des abgeleiteten Neurons befand, unter das Ausgangsniveau ab. In einer weiteren Studie stellte sich heraus, dass sogar schon allein die Erwartung eines adäquaten Stimulus im rezeptiven Feld eines Neurons dessen Spontanaktivität heraufsetzt.

Das Ergebnis dieser Untersuchungen war eindeutig: Aufmerksamkeit wirkt als Signalverstärker. Sie veranlasst diejenigen Zellen, die auf den erwarteten Reiz ansprechen, dazu, heftiger zu feuern, und unterdrückt gleichzeitig die Reaktion von Zellen, die auf Stimuli antworten, denen der Betrachter momentan keine Bedeutung beimisst.

Wenige Jahre später wiederholte Desimone zusammen mit Leslie Ungerleider und Mitarbeitern die Experimente am Menschen. Die Bestimmung der neuronalen Aktivität erfolgte indirekt im Magnetresonanz-Verfahren. Es bestätigte sich das, was zuvor bereits die Tierex-

perimente angedeutet hatten: Die Aufmerksamkeit steigert die Emp-
fänglichkeit des Gehirns gegenüber sensorischen Reizen, die in das
Konzept einer beabsichtigten Handlung passen.

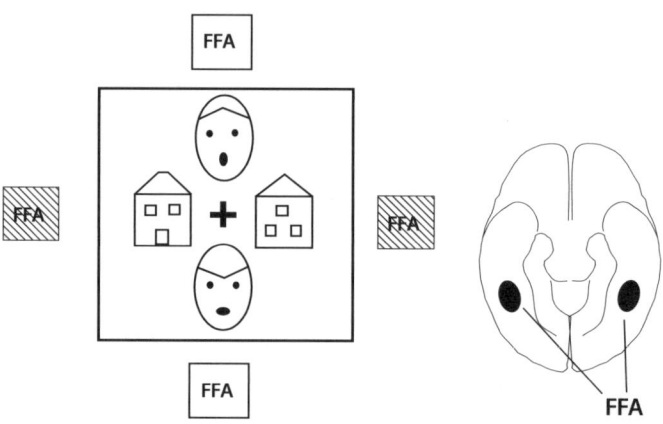

Nancy Kanwishers Magnetresonanz-Studie zum Einfluss der Aufmerksamkeit auf
die Aktivierung des fusiformen Gesichtsareals (FFA) beim Menschen. Im Gesichtsfeld befinden sich zwei Häuser und zwei Gesichter. Das Auge fixiert das »+« in der
Mitte. Konzentriert sich die Aufmerksamkeit, ohne dass der Blick das »+« verlässt,
auf die Gesichter, so wird das FFA aktiv. Konzentriert sie sich auf die Häuser, kehrt
im FFA wieder Ruhe ein, obwohl die Gesichter unverändert im Blickfeld stehen.
(Nach Wojciulik u. a., 1998.)

Besonders anschaulich dokumentiert dies eine Studie, die die Entdeckerin des fusiformen Gesichtsareals (FFA), Nancy Kanwisher, zusammen mit Mitarbeitern am MIT durchgeführt hat. Die Versuchspersonen hatten, während sie im Magnetresonanz-Tomographen lagen, einen Bildschirm vor sich, auf dem im gleichen Abstand zu
einem Kreuzchen als Fixpunkt in der Bildmitte zwei Häuser sowie
zwei Gesichter dargestellt waren. Mit der Frage, ob es sich um identische Gesichter bzw. identische Häuser handelte, konnten die Experimentatoren die Aufmerksamkeit der Probanden abwechselnd entweder auf die Gesichter oder die Häuser lenken. Die Auswertung der
fMRI-Daten ergab, dass immer dann, wenn sich die Probanden, ohne

den Blick vom Fixpunkt zu wenden, auf den Vergleich der beiden Gesichter konzentrierten, die Aktivität im gesichtsspezifischen Rindenareal anstieg. Waren sie mit den Häusern beschäftigt, blieb dieser Effekt aus.

Um es in der Bildersprache der alten Meister auszudrücken: Die Aufmerksamkeit wirkt wie der Sonnenstrahl, der über einer Landschaft durch die Wolken bricht und den Blick des Betrachters auf die Schlüsselstelle in dem Gemälde, den frommen Eremiten in seiner Grotte oder den Nymphen-Reigen im dunklen Wiesengrund, lenkt. Die Wissenschaft bevorzugt den nicht ganz so poetischen Vergleich mit einem Scheinwerfer und stellt sich dabei die Frage, wo im Kopf sich eigentlich der Beleuchter verbirgt, der diesen Scheinwerfer bedient.

Das neuronale Netz der Aufmerksamkeit

Hätte der Kopf unseres Besuchers während seiner Tour durch den Louvre unter einer Kappe mit EEG-Elektroden oder in einem Kernspin-Tomographen gesteckt, so hätte ein Experte nachträglich aus den Registrierungen herauslesen können, welche Hirnareale wann bei welchen Aktionen tätig wurden. Nachdem ihm Lisas Kopie überreicht worden war und er ihr Bild mit größter Aufmerksamkeit musterte, hätten sich erwartungsgemäß diejenigen Zonen im Hinterkopf und auf dem Schläfenlappen verstärkt zu Wort gemeldet, die mit der Verarbeitung von Gegenständen und Gesichtern befasst sind. Interessanterweise wären darüber hinaus aber auch Anteile des vorderen Stirnlappens sowie des hinteren Scheitellappens verstärkt tätig geworden.

Dass Stirn- und Scheitellappen etwas mit Aufmerksamkeit zu tun haben, wurde schon früh erkannt. Dem Budapester Neurologen Reszö Balint begegnete im Jahr 1903 ein merkwürdiger Fall von Gesichtsfeldverlust: Bei dem Patienten handelte es sich um einen Mann, der einige Jahre zuvor mehrere Schlaganfälle erlitten und seitdem Schwierigkeiten hatte, eine Szene in ihren Einzelheiten zu überblicken. Fasste er unter mehreren Gegenständen einen ins Auge, so entzogen sich die um diesen Gegenstand herumgelegenen seiner Wahrnehmung. Sollte er die Größenunterschiede zwischen zwei Objekten oder deren Abstand benennen, so kostete es ihn mehrere Anläufe, bis er mit einer Antwort aufwarteten konnte. Texte konnte er nicht lesen, da ihm die Abfolge der Buchstaben zusammenhangslos zu sein schien. Da der Patient über normale Sehschärfe verfügte, Farben und Objekte mühelos erkannte und die Augen regelrecht bewegen konnte, nahm Balint an, dass das Problem nicht in einer Einschränkung des realen Gesichtsfeldes bestand, sondern dass eine »mental« bedingte Blockade des Blicks oder genauer: eine Störung der räumlichen Aufmerksamkeit vorlag. Der Titel seines 1909 veröffentlichten Fallberichtes bringt dies mit den blumigen Worten zum Ausdruck: »Seelenlähmung des Schauens, optische Ataxie, räumliche Störung der Aufmerksamkeit«.

Als der Patient verstarb, veranlasste Balint eine Obduktion. Dabei fanden sich im Gehirn schwere degenerative Veränderungen in den hinteren Anteilen beider Scheitellappen, besonders im Bereich des *Gyrus angularis.*

Erschütternde Dokumente eines räumlichen Aufmerksamkeitsdefizits liefert auch die Kunstgeschichte mit den Selbstbildnissen, die die Maler Lovis Corinth und Otto Dix anfertigten, während sie sich von den Folgen eines Schlaganfalles erholten. Bei beiden war es infolge einer Schädigung der rechten Hirnhälfte zum sogenannten *Hemi-Neglect* gekommen. Auf ihren Porträts ist jeweils nur die rechte Gesichtshälfte korrekt dargestellt, die linke bleibt weitgehend ausgespart. Sie wird infolge der Projektion des linken Gesichtsfeldes auf die beschädigte rechte Großhirnhemisphäre nicht bewusst wahrgenommen.

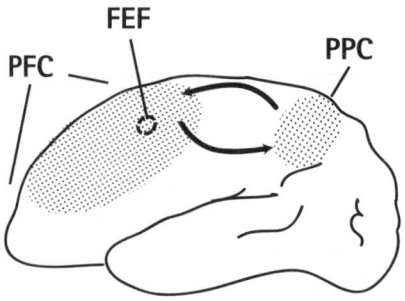

Das fronto-parietale Netzwerk der Aufmerksamkeit. FEF: frontales Augenfeld. PPC: *posteriorer parietaler Cortex.* PFC: *präfrontaler Cortex.*

Heute weiß man, dass sich das kortikale Netzwerk, das die Aufmerksamkeit kontrolliert, vom hinteren Scheitel- oder Parietallappen (PPC) bis zum vorderen Stirnlappen oder zum sogenannten *präfrontalen Cortex* (PFC) erstreckt. In den Registrierungen der Magnetresonanz-Tomographie kommt während eines Aufmerksamkeitstestes besonders eine Zone gesteigerter Aktivität im Bereich des Grabens zur Darstellung, der den oberen vom unteren Scheitellappen trennt (*Sulcus intraparietalis*). An seinen unteren Abschnitt grenzt der *Gyrus angularis*, jene Stelle, an der die degenerativen Veränderungen bei Balints Patienten besonders ausgeprägt waren.

Zusätzlich umfasst das Netzwerk eine Reihe von Regionen des vorderen Stirnlappenanteils. Dazu zählen unter anderem ein als frontales Augenfeld (FEF) bezeichnetes Areal, das die Augen auf das Objekt einstellt, dem das aktuelle Interesse gerade gilt, oder Bereiche, in denen die Kategorisierung von visuellen Eindrücken wie etwa die Klassifizierung als Frau oder Gesicht vorgenommen wird.

Diese eng miteinander verkabelten frontalen und parietalen Anteile bilden eine funktionelle Einheit, die unter dem Begriff »fronto-parietales Netzwerk der Aufmerksamkeit« zusammengefasst wird.

Egozentrische Karten weisen der Aufmerksamkeit den Weg

Unser Besucher hat sich im 1. Stockwerk in den breiten Strom aus Kunstfreunden und Schaulustigen eingereiht und treibt mit diesen durch die Säle der Mona Lisa entgegen. Unterschiedlichste Gesichter aller Hautfarben bewegen sich in seinem Gesichtsfeld, über diesen ziehen goldumrahmte Bilder vorbei, Wortfetzen dringen an sein Ohr, immer wieder wird er von einem Arm oder einer Schulter berührt. Welchem von all diesen Eindrücken soll sich seine Aufmerksamkeit zuwenden? Hätte sein Gehirn keinen bestimmten Plan gefasst, könnte es sich auch von besonders ins Auge springenden Auffälligkeiten leiten lassen, vielleicht der Dame mit dem leuchtend roten Kleid, dem aus der Menge gereckten Arm eines Reiseführers oder der Person, die unerwartet sein Gesichtsfeld durchkreuzt.

Nach neueren Untersuchungen legt das Gehirn von jeder Szene, die das Auge aufnimmt, in Bruchteilen von Sekunden eine Karte

Prioritätenkarte

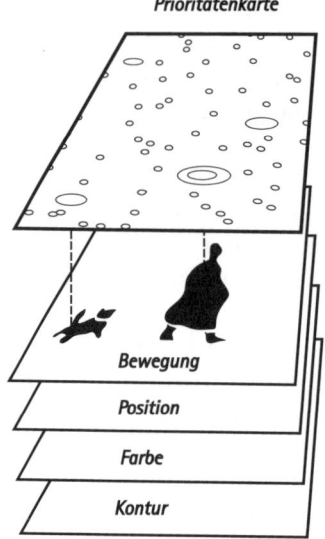

Oberste Ebene: Prioritätenkarte, auf der momentane Wahrnehmungen entsprechend der Dringlichkeit einer näheren Inspektion gewichtet sind. Den Grad der Dringlichkeit symbolisieren in der Abbildung die Kreisdurchmesser. Darunter die Karten der von der Sehrinde nach ihren Grundmerkmalen codierten Außenwelt.

an, in deren Zentrum sich der Beobachter befindet. Auf ihr werden all jene Objekte hervorgehoben, die dem Beobachter eine Reaktion abverlangen könnten. Darunter finden sich solche, die sich dem Auge unbewusst wegen ihrer optischen Auffälligkeit aufdrängen, wie etwa das rote Kleid oder der aus der Menge ragende Arm mit der kleinen Flagge. Zusätzlich aber werden Objekte markiert, mit denen sich eine bestimmte Absicht oder Erwartung des Betrachters verbindet. Die Objekte werden nach der Dringlichkeit ihrer Beachtung gewichtet. An oberster Stelle in der Prioritätenliste steht natürlich das Bild der Frau, der die Neugier aller Besucher entgegenschlägt: die Mona Lisa. Streift der Blick plötzlich ihr Bild, verlieren zumindest das rote Kleid und der gereckte Arm an Relevanz. Sie werden ausgeblendet, das innere Auge konzentriert sich ganz auf die lächelnde Schöne. Eine Person, die plötzlich durchs Gesichtsfeld zieht, könnte ihr allerdings noch kurzfristig den Spitzenplatz streitig machen. Denn alles das, was sich bewegt, empfindet das Gehirn als besonders bemerkenswert.

Wo befindet sich die Karte? Zwei Regionen wurden mit Hilfe bildgebender Verfahren und elektrophysiologischer Studien identifiziert.

Die eine hat ihren Sitz im vorderen Stirnhirn, die andere im *Sulcus intraparietalis* des Scheitellappens. Dort befinden sich jeweils jene Netzwerke, die die Dinge nicht mehr in Form der Verteilung von Hell und Dunkel, Farbe und Konturen abbilden, denn diese Aufgaben wurden bereits auf den niedrigeren Etagen der visuellen Verarbeitung erledigt. Sie sortieren vielmehr alles, was in dem als »rezeptives Feld« bezeichneten Fenster erscheint, durch das ihr Blick nach draußen geht, in der Reihenfolge seiner Bedeutung für zukünftige Handlungen. In die Abwägung zwischen bedeutsamen und weniger bedeutsamen Merkmalen fließen Signalstärke, besondere Erwartungen, getätigte Erfahrungen und die aktuellen Umstände, innerhalb derer sie auftreten, ein.

Blick nach drinnen, Blick nach draußen

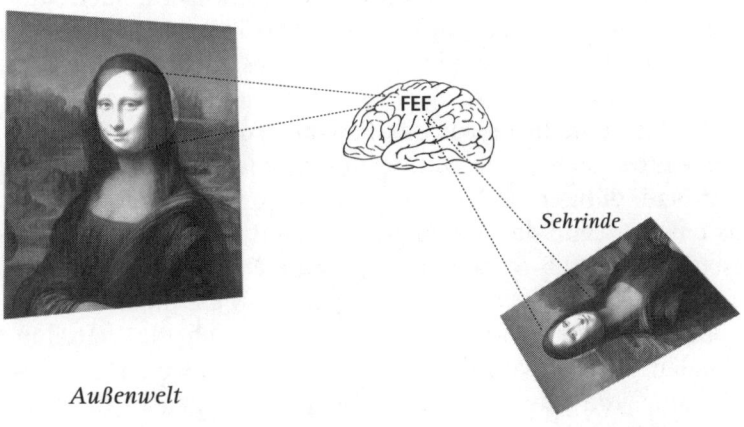

Außenwelt

Dass unser Blick nicht abreißt, wenn er sich im Vorbeigehen neugierig auf ein Bild geheftet hat, und dass er jeweils blitzschnell weiterspringt, um das nächste ins Visier zu nehmen, ist der Initiative des sogenannten frontalen Augenfeldes (FEF) zuzuschreiben. Gemeint ist damit ein kleines Rindenareal auf dem Stirnlappen, das knapp vor der Zone, die die Motorik der Skelettmuskulatur steuert, liegt. Ihm verdankt das Gehirn den gezielten Blick in die Außenwelt.

Die Entdeckung des FEF geht auf die Beobachtung zurück, dass mit der elektrischen Reizung des Stirnhirns häufig Blicksprünge (sogenannte *Saccaden*) einhergehen. Es enthält Zellen, die darauf programmiert sind, den Blickwinkel in horizontaler und vertikaler Richtung um eine jeweils bestimmte Anzahl von Winkelgraden zu verändern. Die Umsetzung ihrer Signale zum motorischen Befehl an die Augenmuskulatur findet im Mittelhirn statt. Wohin der Blick gelenkt werden soll, entscheidet sich in bestimmten Regionen des *präfrontalen Cortex*. Zusammen mit dem FEF bilden sie den stirnwärts gelegenen Abschnitt des fronto-parietalen Netzwerks der Aufmerksamkeit.

Das FEF lenkt nicht nur den Blick nach außen, sondern es versetzt gleichzeitig diejenigen Regionen des *visuellen Cortex* in erhöhte Alarmbereitschaft, die das Ziel des intendierten Blicksprungs repräsentieren. Dies haben Studien gezeigt, in denen das FEF gereizt und gleichzeitig Zellen der V4-Region abgeleitet wurden. Die Antwort der V4-Zellen auf ein optisches Signal erfuhr dabei immer dann eine Steigerung, wenn dessen Position mit dem Ziel des elektrisch induzierten Blicksprungs zusammenfiel. Dass es nicht der Vorgang der Augenbewegung selbst ist, der die Aktivierung hervorruft, ging aus Versuchen hervor, in denen das FEF mit so niederen Stromstärken gereizt wurde, dass keine Blickwendung zustande kam. Auch unter diesen Bedingungen fielen die Antworten immer noch dann am höchsten aus, wenn das Signal dort platziert war, wohin der Blick bei überschwelliger FEF-Stimulation gesprungen wäre. Zu einem ähnlichen Ergebnis führten Untersuchungen am Menschen, in denen das FEF über ein äußeres Magnetfeld stimuliert und die Verteilung der neuronalen Aktivität auf der Sehrinde mittels fMRI gemessen wurde. Die Reizung von Punkten, die für Blickwendungen in Richtung Gesichtsfeldperipherie zuständig waren, führte zu einer Verstärkung der Signale in den Abschnitten des peripheren Sehens, während in dem Bereich, auf den sich das Zentrum des Gesichtsfeldes projiziert, die Aktivität abnahm.

Robert Desimone und Mitarbeiter haben den Dialog zwischen FEF und dem visuellen Cortex in dem flüchtigen Moment zwischen dem Auftauchen eines Objektes am Rande des Gesichtsfeldes und der Ausführung des entsprechenden Blicksprunges dorthin belauscht. Sie ließen Affen ein Bild nach einem bestimmten Symbol durchmustern und registrierten gleichzeitig die neuronalen Aktivitäten im FEF und in der V4-Region. Es stellte sich heraus, dass das FEF seine Impulse zu Salven gebündelt im Takt von 40- bis 60-mal pro Sekunde abschickt und die V4-Einheiten mit ihren Oszillationen mit einer Phasenverschiebung von wenigen Millisekunden in diesen Chor einstimmen. Das FEF ist dabei unzweifelhaft der Initiator des Prozesses: Seine Neuronen feuerten bereits 80 Millisekunden, nachdem das gesuchte Symbol ins Blickfeld geraten war, die V4-Neuronen jedoch erst 50 Millisekunden später. Der Blicksprung selbst erfolgte erst nach etwa 200 Millisekunden.

Erteilt das FEF den Befehl zu einer gezielten Blickwendung, so werden also nicht nur die Augenmuskeln tätig. Es kommt schon vorher zu einer Sensibilisierung derjenigen Hirnregionen, die die Information des ins Auge gefassten Gesichtsfeldareals zu verarbeiten haben werden. Dabei scheint es nicht einmal eine Rolle zu spielen, ob sich mit der neuen Einstellung tatsächlich die Wahrnehmung eines Objekts verbindet. Die Aktivierung tritt auch dann ein, wenn sich die Blickwendung im Dunkeln vollzieht.

Zumindest einer der Beleuchter, die den Scheinwerfer der Aufmerksamkeit steuern, ist also das FEF. Wie der Kinobesucher hat das innere Auge schon in gespannter Erwartung seinen Blick auf die helle Scheibe gerichtet, die der Projektor auf den Vorhang wirft, bevor der die Bühne zur Vorstellung freigegeben hat.

Wohin blickt das innere Auge?

Worauf ist das geistige Auge unseres Besuchers gerichtet, wenn er auf der Suche nach der Mona Lisa zum Vergleich mit den Bildern an den Wänden immer wieder das Bild in seinem Inneren heranzieht? Wo in seinem Kopf hat er das Lächeln, das auf ihn gerichtete Augenpaar, die gekreuzten Hände abgelegt, als er dessen Kopie so eindringlich betrachtete? Gibt es so etwas wie einen Arbeitsspeicher im Gehirn, in dem Gedächtnisinhalte deponiert und eingesehen werden können, solange mit ihnen gearbeitet wird?

Schon zu jenem Zeitpunkt, als die experimentelle Ausschaltung von Hirnregionen sowie das Studium von Patienten mit traumati-

schen oder krankheitsbedingten Hirndefekten noch die einzigen Mög-
lichkeiten zur Erforschung von Hirnfunktionen darstellten, wurde angenommen, dass die kurzfristige Abspeicherung von Gedächtnisinhalten etwas mit dem Stirnhirn zu tun hat. In den 1930er Jahren
war in Tierexperimenten gezeigt worden, dass bestimmte Aufgaben,
bei denen bestimmte Objekte oder deren Position im Raum erinnert
werden müssen, nach chirurgischer Abtragung des als »präfrontaler
Cortex« (PFC) bezeichneten vorderen Stirnhirnbereiches nicht mehr
gelöst werden können. Klinische Studien schienen die Annahme zu
bestätigen. So berichtet der Moskauer Neuropsychologe Alexander
Romanovich Luria in seiner Abhandlung über Gedächtnisstörungen
bei umschriebenen Hirnverletzungen von einem Studenten, der bei
einem Unfall schwere Verletzungen an den Stirnlappen beider Hemisphären davongetragen hatte. Bei der Überprüfung des Arbeitsgedächtnisses stellte sich heraus, dass der Patient außerstande war,
Wörter, Texte oder den Inhalt von Bildern fehlerfrei zu wiederholen,
wenn er zwischen ihrer Präsentation und der Aufforderung, sie zu
wiederholen, durch eine andere Aufgabe der gleichen Kategorie abgelenkt worden war. Offenbar hatte der Patient durch den Gewebs-
verlust im Stirnlappenbereich die Fähigkeit eingebüßt, Sinneseindrücke kurzfristig festzuhalten bzw. diese später zu reaktivieren.

Eine genauere Vorstellung über die Rolle des PFC entwickelte sich
erst, nachdem es zum einen möglich geworden war, im Gehirn die
Aktivität neuronaler Einheiten zu messen, und zum anderen im unteren Schläfenlappen Zellen entdeckt worden waren, die im Gedächt-
nistest über die Darbietung eines für sie spezifischen Reizes hinaus
erregt blieben. Interessanterweise ging diese Eigenschaft dann verloren, wenn der *präfrontale Cortex* operativ entfernt oder vorübergehend durch lokale Abkühlung außer Gefecht gesetzt worden war.
Dies führte zu dem Schluss, dass der PFC wohl eine wichtige Position
beim Abruf und bei der Verwaltung von Eindrücken visueller Art
einnimmt, dass deren Präsentation jedoch anderenorts erfolgt, nämlich auf den Ebenen, auf denen sie zusammengesetzt werden.

Untersuchungen, in denen Versuchspersonen aufgefordert wurden, Bilder aus der Erinnerung vor ihr inneres Auge zu rufen und
für kurze Zeit festzuhalten, bestätigen diese Vermutung. Konzentrierten sich die Teilnehmer in ihrer Vorstellung bei geschlossenen

Augen auf ein ihnen vertrautes Gesicht, ein bekanntes Gebäude, einen Gebrauchsgegenstand oder ein Nahrungsmittel, so traten im MRI-Scan jeweils genau die Regionen verstärkt in Erscheinung, die in Kontrolluntersuchungen während der Präsentation der realen Objekte tätig geworden waren. Bereits die lebhafte Vorstellung eines Gesichtes genügte, um die Gesichtsareale auf der fusiformen Hirnwindung und in dem Graben am occipito-temporalen Übergang zu aktivieren. War es ein Gebäude, das erinnert wurde, so kam es zur Signalverstärkung über dem für Plätze zuständigen Anteil des *Gyrus fusiformis*. War es ein Stuhl, so leuchteten die Regionen auf, die in Kontrollversuchen beim Anblick des realen Möbelstücks tätig geworden waren.

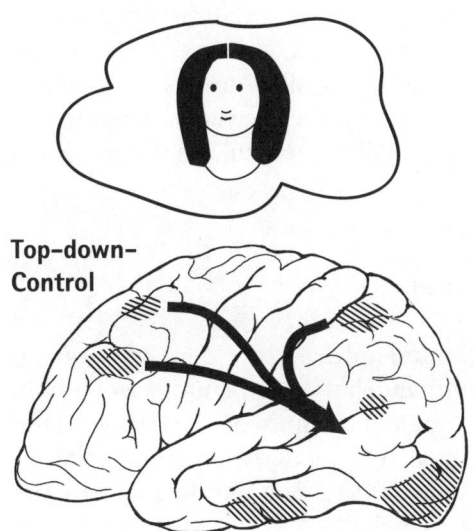

Top-down-Control

Gedachte Bilder. Allein die Vorstellung eines bestimmten Objektes genügt, um diejenigen Hirnregionen in den Zustand erhöhter neuronaler Aktivität zu versetzen, die auch bei realer Betrachtung des Objekts tätig werden. Die Regie zu den inneren Bildern (»top-down-control«) sitzt in den Zentren des Stirn- und Scheitellappens, die auch vom fronto-parietalen Netzwerk der Aufmerksamkeit beansprucht werden.

Zusätzlich kam es während der nur gedachten Bilder zur Aktivierung von Teilen des präfrontalen Cortex (vorderes *Cingulum*, oberer frontaler *Sulcus*, unterer, mittlerer und oberer frontaler *Gyrus*) und darüber hinaus auch von Abschnitten des oberen Scheitellappens (intraparietaler *Sulcus*, oberer parietaler *Lobulus*, *Praecuneus*). Diese Regionen, die allesamt wichtige Knotenpunkte im fronto-parietalen

Netzwerk der Aufmerksamkeit darstellen, reagierten nur marginal während der passiven Betrachtung von Abbildungen realer Objekte. Ihnen wird deshalb eine entscheidende Rolle beim Abrufen der Bilder aus dem Langzeitgedächtnis sowie der Aufrechterhaltung ihrer Präsentation zugesprochen.

Es gibt also keinen bestimmten Ort, an dem im Rahmen einer zielorientierten Handlung Bilder vorübergehend ausgebreitet werden könnten. Das Gehirn besitzt keinen Arbeitsspeicher im technischen Sinn. Es sucht die Bilder vielmehr mit Hilfe der Aufmerksamkeit da auf, wo sie zusammengesetzt wurden. Dabei steigt es in der Hierarchie entgegen der Reihenfolge ihrer Entstehung von oben herab. Es beginnt erst mit dem großen Ganzen wie etwa der Kategorisierung, bevor es sich in die Niederungen von V4 bis V1 begibt, um Details genauer zu besichtigen. Die Initialzündung zu ihrer Präsentation geht vom Scheitellappen und Stirnhirn aus, wo das Netzwerk der Aufmerksamkeit seinen Sitz hat. Von dort, also gewissermaßen von oben herab (»top-down-control«), wird darüber gewacht, dass tatsächlich auch die richtigen Bilder festgehalten werden, bis die mit ihnen verbundene Aufgabe gelöst wurde.

Wie Bilder festgehalten werden

Wie gelingt es dem Gehirn, Sinneseindrücke für den Zeitraum, in dem sie im Rahmen einer bestimmten Handlung benötigt werden, im Bewusstsein zu bewahren? Der Spanier Joaquin M. Fuster war einer der ersten, der das Geheimnis mit Hilfe moderner neurophysiologischer Techniken zu lüften versuchte. Zusammen mit dem Amerikaner Garrett E. Alexander zeichnete er bei Rhesusaffen jene Aktionspotentiale auf, die von Neuronen des seitlichen vorderen Stirnlappens während eines als »Delayed-matching-to-sample« bezeichneten Gedächtnistestes produziert wurden. Dabei machte er eine merkwürdige Entdeckung. Bestimmte Zellen erhöhten ihre Feuerungsrate nicht nur während der Erstpräsentation des zu memorierenden Stimulus, sondern verharrten so lange im Zustand erhöhter Aktivität, bis der Stimulus in der Testphase wieder auftauchte und erkannt werden musste. Es war, als flüsterten die Zellen die zu erinnernde Information ständig vor sich hin, um sie nicht zu vergessen. Kam es in einem Experiment zu keiner anhaltenden Aktivierung, so wurde der Stimulus auch nicht erinnert: Er war offenbar nicht gespeichert worden.

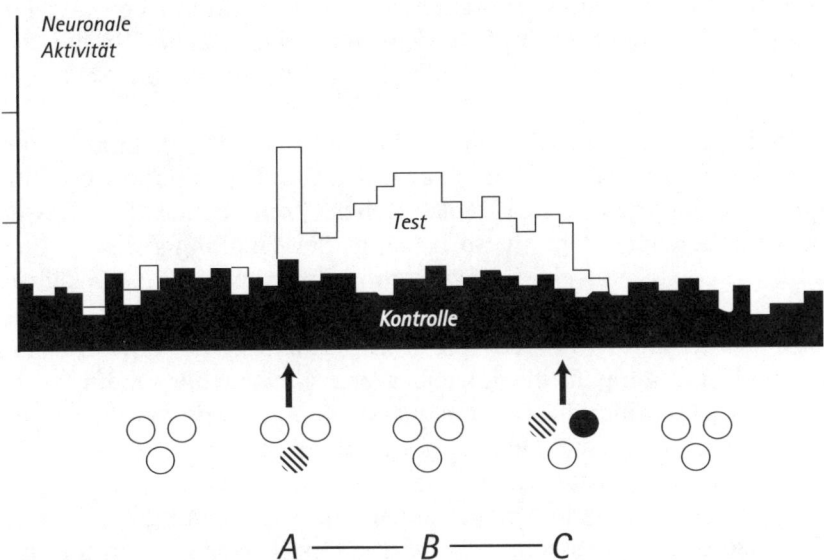

Joaquin Fusters »delayed-matching-to-sample«-Gedächtnistest. Dargestellt ist die Aktivität einer Zelle des unteren Schläfenlappens während einer Testserie, in der ein in A gezeigtes Farbsignal nach einer Verzögerung (B) von 16 Sekunden von einem zweiten Signal unterschieden und wiedererkannt werden soll (C). Die Zelle beruhigt sich nicht nach Ausblendung des zu identifizierenden Signals, sondern verharrt im Zustand gesteigerter Aktivität bis zur Entscheidung in C. (Nach Fuster/ Jervey, 1982.)

In Magnetresonanz-Studien stellte sich später heraus, dass beim Menschen ein Areal praktisch identischer Lokalisation im seitlichen vorderen Stirnlappen über die Präsentation eines Zielobjektes hinaus bis zu dessen Wiedererkennung aktiv bleibt.

Die Eigenschaft von Zellen, über die zeitliche Präsenz eines Stimulus hinaus zu feuern, wird in der Fachsprache »Reverberation« genannt. Fuster vermutete in dem Phänomen jenen Mechanismus, der Sinneseindrücke lebendig hält, solange sich das Gehirn im Rahmen einer Entscheidungsfindung mit ihnen befasst. Deshalb nannte er die damit ausgestatteten Zellen »Arbeitsgedächtniszellen«. In weiterführenden Untersuchungen stellte sich heraus, dass Reverberation keineswegs eine Besonderheit bestimmter Zellen des Stirnhirns darstellt: Reverberierende Neuronen fanden sich auch in zahlreichen anderen Hirnbereichen, darunter im Schläfen- und Scheitellappen, in den Regionen V4 bis V1 auf der Sehrinde, ja sogar bis hinab zum Sehhügel, dem Thalamus.

Die Reverberation basiert vermutlich auf der wechselseitigen Erregung von Zellen oder Zellverbänden, die über Hin- und Rückverbindungen untereinander in Kontakt stehen. Kommt über den Hinweg ein stimulierender Reiz an, so bestätigt der Empfänger dessen Eingang gleichfalls mit einer Stimulation, die, nachdem sie rückläufig beim Absender eingetroffen ist, diesen erneut zur Produktion von Aktionspotentialen anfeuert (positiver feedback). Das Ergebnis sind kreisende Erregungen, die lokal begrenzt bleiben oder dann, wenn sie stark genug und phasisch angepasst sind, auf weiter entfernte Regionen übergreifen können. Zum Unterhalt des Kreislaufs trägt die Eigenschaft von Synapsen bei, die Effizienz der Übertragung unter sich in engen Abständen wiederholender Beanspruchung zu steigern, ein Prozess, der als »Synaptische Plastizität« bezeichnet wird und mit dem Treten einer Spur in unwegsamem Gelände vergleichbar ist.

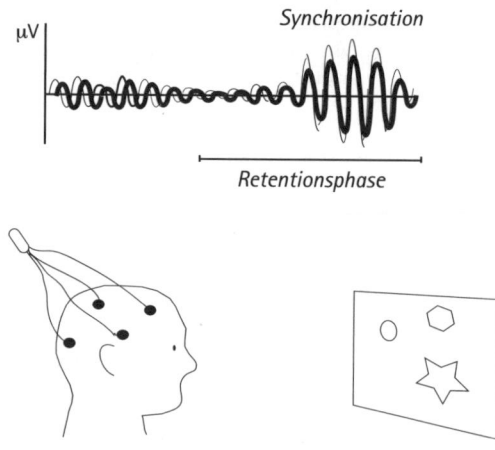

Ableitung der elektrischen Potentialschwankungen über dem Gehirn während eines Gedächtnistestes. Die idealisiert dargestellten Oszillationen über zwei Hirnregionen, z. B. PFC und Schläfenlappen, erfolgen zunächst unkoordiniert, im Verlauf der Retention des Gedächtnisinhaltes kommen ihre Phasen jedoch zur Deckung.

Zeichnet man während eines Gedächtnistestes die Schwankungen der elektrischen Spannung über dem Gehirn mittels auf der Kopfhaut oder direkt auf der Hirnoberfläche angebrachter Elektroden auf, so kommen im Intervall zwischen der Präsentation des zu erinnernden Reizes und seiner Wiedererkennung regelmäßige nieder- und hochfrequente Potentialschwankungen zur Darstellung. In diesen Oszillationen spiegelt sich die neuronale Aktivität jener Tausende von Nervenzellen wider, die im Verband lokaler Zellensembles spezifische Fragmente des Gedächtnisinhalts repräsentieren und diese mit ihren gemeinsamen Reverberationen lebendig halten. Die Synchronisierung beschränkt sich nicht auf die verschiedenen Ebenen der Sehrinde, sondern schließt auch das fronto-parietale Netzwerk ein, das die Aufmerksamkeit steuert. Ob ein Stimulus wiedererkannt werden wird oder nicht, lässt sich bereits an der Einstimmigkeit und Stärke, mit der er von dem neuronalen Sprechchor bis zu seinem Wiedererscheinen vorgetragen wird, abschätzen.

Mona Lisa wird erkannt

Der Besucher, der einen der weiten Säle des Louvre betritt, fühlt sich im ersten Augenblick von der Fülle des künstlerischen Angebots oft geradezu erschlagen. Nicht eines, eine ganze Galerie von Gemälden drängt sich in sein Gesichtsfeld. Welchem soll er den Vorzug geben? Sein Gehirn nimmt ihm, ohne dass es ihm bewusst wird, die Entscheidung ab. Noch bevor sich der Verstand eingeschaltet hat, hat sich sein Blick zum Sprung entschlossen und fliegt dahin, wo aus dem Bilderrahmen eine Besonderheit hervorsticht, etwa zu den Konturen eines sich aufbäumenden Pferdes, zum marmorweißen Körper einer Nackten oder zu einem Gesicht, dessen Augenpaar direkt auf ihn gerichtet ist. Hat er den Saal in Erwartung einer bestimmten Darstellung betreten, so wird sich sein Augenmerk ebenso schnell, wie es sich im ersten Moment, ohne es zu wollen, von besonderen Auffälligkeiten einfangen ließ, dieser zuwenden und alles andere drumherum ausblenden. In seinem Kopf hat für Sekundenbruchteile ein Wettstreit stattgefunden, ein Wettstreit um die Gunst seiner Aufmerksamkeit, der unter Voreinnahme entschieden wurde (*biased competi-*

tion). Als Sieger ist das Bild hervorgegangen, dessen Merkmalen die im Gleichtakt oszillierenden Erregungen des Arbeitsgedächtnisses den Weg gebahnt haben.

Wie sieht das Kräftemessen auf neuronaler Ebene aus? Robert Desimones Arbeitsgruppe hat auf der Suche nach dem Mechanismus der Wiedererkennung von Objekten bei Affen während eines visuellen Gedächtnistestes die neuronale Aktivität im unteren vorderen Schläfenlappen gemessen. Dabei zeigte sich, dass diejenigen Zellen, die von dem zu memorierenden Stimulus wie etwa einem Dreieck erregt wurden und bis zu seiner erneuten Präsentation im Zustand erhöhter Aktivität verharrten, auch verstärkt zu feuern begannen, wenn sie ihn unter anderen Stimuli wiedererkannten. Zellen, die auf das Viereck ansprachen, erhöhten nur für einen winzigen Moment ihre Aktivität, fielen aber sofort wieder in die Ausgangsaktivität zurück. Im präfrontalen Cortex fanden sich Zellen, die ebenfalls auf zu erinnernde Stimuli mit einer anhaltenden Erhöhung ihrer Feuerrate reagierten und im Falle der Übereinstimmung des Testbildes mit ihm ihre Aktivität verstärkten.

Zeichnet man die neuronale Aktivität des Gehirns während eines Gedächtnistestes elektroenzephalographisch mit Elektroden auf, die auf der Kopfhaut oder direkt auf der Hirnoberfläche angebracht sind, spiegelt sich in deren Registrierungen die Summe dessen wider, was sich in Desimones Experiment auf Einzelzellniveau abspielte. Zu dem Zeitpunkt, an dem eine Versuchsperson ein Objekt wie etwa ein Gesicht bewusst erkennt, werden erhöhte Ausschläge in den Ableitungen über dem Hinterhaupt beobachtet. Darüber hinaus nimmt die Synchronisierung der Oszillationen zwischen Stirnhirn, Scheitellappen und Schläfenlappen markant zu. Dies sind die Anzeichen dafür, dass die elektrischen Signale eines Netzhautbildes im Arbeitsgedächtnis Anschluss an diejenigen Schaltkreise gefunden haben, die unter der Kontrolle höherer Zentren wie dem PFC das gedachte Bild verkörpern und mit ihnen im gleichen Takt schwingen. Der Versuch von Zellpopulationen, sich ihnen gegenüber mit konkurrierenden Bildern durchzusetzen, wird dabei im Keim erstickt. Da sie nicht im Mittelpunkt der Aufmerksamkeit standen, als sich das Gehirn das zu memorierende Bild einprägte, sind ihre Entladungen weniger präzise aufeinander abgestimmt. Infolge der daraus resultierenden trägeren

Zelluläre Aktivität

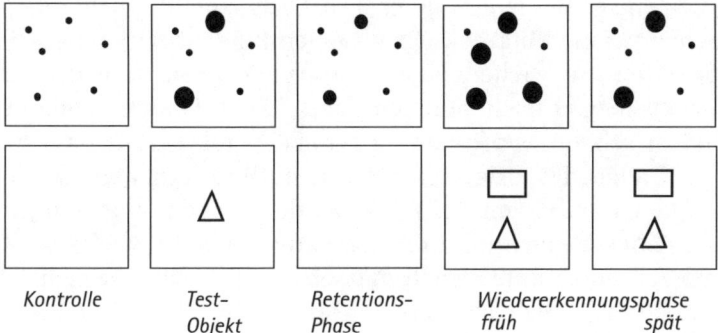

| Kontrolle | Test-
Objekt | Retentions-
Phase | Wiedererkennungsphase
früh | spät |

Optische Stimuli

Wettstreit der Bilder. Während eines Gedächtnistestes wurden sechs Zellen im unteren Schläfenlappen abgeleitet. Die Stärke der Punkte entspricht jeweils dem Grad der Aktivierung. Das Testobjekt wird von zwei Zellen erkannt, die in der Retentionsphase (d. h. Aufrechterhaltung des Memorandums) auf reduziertem Niveau aktiv bleiben. Bei Erscheinen des Testsignals in der Wiedererkennungsphase kommt es zu einer Aktivitätssteigerung. Zusätzlich blitzt in zwei weiteren Zellen, die das nicht zu memorierende Rechteck erkennen, Aktivität auf, die aber sofort unterdrückt wird. (Nach Chelazzie u. a., 1993.)

Aktivierung von Zielzellen hinken ihre Oszillationen zeitlich hinter denen der favorisierten Population her und werden wie die Welle, die auf ein Tal trifft, von diesen ausgebremst. Der Mechanismus wird in Anlehnung an eine gleichnamige Fernsehserie als der »The winner takes it all«-Effekt bezeichnet. Der Sieger streicht alles ein, die anderen gehen leer aus.

16. Im Bildarchiv

Hätte sich unser Besucher, als er sich Lisas Abbild einzuprägen be-
mühte, nur auf die Mitarbeit der visuellen Rindenbezirke nebst Stirnhirn, Schläfen- und Scheitellappen stützen können, so hätte er seine
Suche wohl bereits nach wenigen Schritten im Louvre abgebrochen.
Das Bild in seinem Kopf wäre zu schnell verblasst, als dass es ihm
beim Auffinden des Originals hätte behilflich sein können. Um es
zum Vergleich mit einem der Werke an den Wänden vor sein inneres
Auge im Arbeitsgedächtnis zu rufen, hätte er immer wieder die Kopie
in seiner Tasche zu Rate ziehen müssen. Denn Neues für mehr als 50
bis 60 Sekunden abzuspeichern, erfordert die Mitarbeit eines komplexen Gebildes, das sich in der Tiefe des Schläfenlappens verbirgt.
Wie so oft in der Geschichte der Medizin war es ein klinischer Fall,
der die Wissenschaft auf seine Spur führte.

Der Fall H. M.

Es ist am Morgen des 1. Septembers 1953, als einem jungen Mann
namens Henry Gustav Molaison am Department of Neurosurgery des
Hartford-Krankenhauses, Connecticut, der Schädel geöffnet wird und
er zusammen mit ein paar Gramm Hirngewebe seine Merkfähigkeit
verliert. Seit seiner Jugend wird der 27-Jährige oft mehrmals täglich
von epileptischen Anfällen heimgesucht. Da diese Anfälle mit Medi-
kamenten nicht mehr zu beherrschen waren, hat sich der Leiter der
neurochirurgischen Abteilung, William Beecher Scoville, zur Abtragung der medialen, also der Hirnmitte zugewandten Anteile beider
Schläfenlappen entschlossen. In ihnen vermutet er den Ursprung der
wie ein Gewitter über das Gehirn hinwegziehenden elektrischen Erregungen. Die Operation verläuft komplikationslos, der Patient erholt
sich schnell, größere neurologische Ausfälle sind nicht festzustellen.
Auch in der Persönlichkeit ist nach Aussagen der Verwandten keine
Veränderung eingetreten. Mit einer Ausnahme: Molaisons Gedächtnis für neue Eindrücke scheint gelitten zu haben. Er kann sich nicht
an die Pflegepersonen erinnern, die sich gerade um ihn gekümmert
haben, er irrt auf der Suche nach seinem Zimmer hilflos durch die

Gänge, er weiß weder, welche Speise er gerade zu sich genommen, noch, dass er überhaupt etwas gegessen hat. Fragen nach Ereignissen, die sein Leben vor der Operation betreffen, kann er dagegen ohne Schwierigkeiten beantworten. Er erinnert sich an den großen Börsenkrach im Jahr ebenso genau wie an Schreckensmeldungen während des Zweiten Weltkrieges oder bekannte Persönlichkeiten der 1920er bis 1940er Jahre.

Scoville, unter dessen Patienten mit beidseitiger Teilresektion des Schläfenlappens sich noch ein weiterer Fall einer solchen anterograden Amnesie befindet, ahnt die wissenschaftliche Brisanz dieser Beobachtungen und nimmt Kontakt mit einem der renommiertesten Epilepsiechirurgen seiner Zeit auf. Es ist Wilder Penfield, Gründer und Leiter des MNI, des Neurologischen Institutes an der McGill-Universität zu Montreal. Penfield, der einen ähnlichen Fall unter seinen eigenen Patienten hatte, schickt eine junge Psychologin zu Scoville, die sich bei ihm seit ein paar Jahren mit den Auswirkungen hirnchirurgischer Eingriffe auf die kognitiven Leistungen befasst, nämlich die Engländerin Brenda Milner. Sie wird dem Patienten über viele Jahre hinweg immer wieder Besuche abstatten, um seine Gedächtnisleistung zu überprüfen. Es werden Begegnungen mit einem Mann von stets freundlichem und aufgeschlossenem Wesen sein, dem ihre Tests eine überdurchschnittliche Intelligenz bescheinigen, der sie aber bei keinem der Besuche wiedererkennt. Seit dem Tag, an dem ihm zwei etwa daumenlange Stücke Nervengewebes aus den Schläfenlappen entfernt worden waren, blieb in seinem Kopf die Zeit stehen. Sein Gedächtnis weist von da an keine Eintragungen mehr auf.

Brenda Milner berichtete in einer Reihe aufsehenerregender Veröffentlichungen über ihre Erkenntnisse zu dem Fall, der zur medizinhistorischen Berühmtheit wurde, weil er der Wissenschaft verriet, dass es ebenjener mediale Temporallappen ist, der Erlebtes in dauerhafte Engramme umsetzt. Zum Schutz seiner Person wird Henry Molaison in der Literatur stets nur mit den Initialen seines Namens zitiert: H. M.

Der Repetitor im Ammonshorn

Molaisons Gehirn ruht heute, unweit der kalifornischen Pazifikküste, in den Schränken des Brain Observatory der University of California San Diego. Als er 2008 im Alter von 82 Jahren verstarb, war es seiner knöchernen Hülle entnommen, in Paraffin eingebettet und von Hartford nach Kalifornien überführt worden. Die Wissenschaft hatte noch zu H. M.s Lebzeiten erwirkt, dass es der Nachwelt zu Forschungszwecken erhalten bleiben darf. Genau zur ersten Wiederkehr seines Todestages wurde es unter den Augen von Millionen World-Wide-Web-Besuchern quer zu seiner Längsachse in Scheiben geschnitten und auf Glasplatten aufgebracht. Blättert man sich durch die 2500 jeweils 70 tausendstel Meter dünnen Schnitte, indem man die Platten der Reihe nach gegen das Licht hält, stößt man auf mittlerer Strecke auf die Spuren, die Scovilles Instrumente vor 60 Jahren hinterlassen haben.

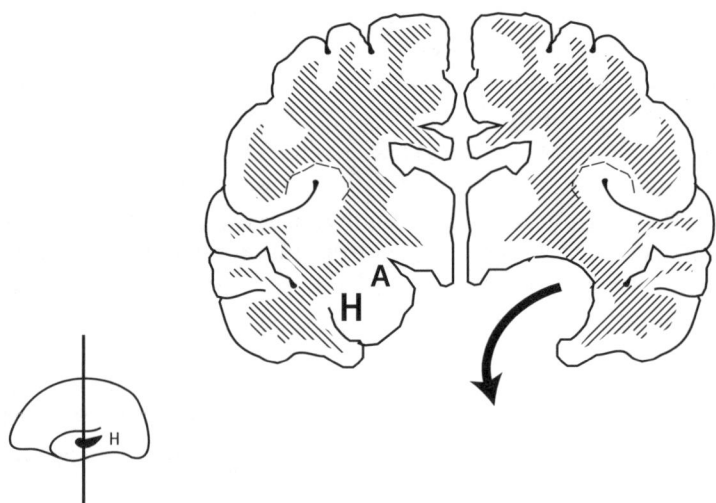

Frontalschnitt durch das Gehirn auf der Höhe der *Amygdala* (A) und des *Hippocampus* (H). Die linke Gehirnhälfte ist die eines Gesunden, die rechts H. M.s Gehirn mit Defekt in (beiden) medialen Schläfenlappen. Links unten: Miniaturgehirn mit Position der Schnittebene und des *Hippocampus*.

In beiden Hirnhälften fehlt auf einer Länge von etwa 8 cm jeweils der der Hirnmitte zugewandte, anatomisch als »medial« bezeichnete Anteil des Schläfenlappens. Der Defekt betrifft also genau jene Hirnstrukturen, deren Zusammenspiel die dauerhafte Abspeicherung von Fakten und Erlebnissen bewirkt. Die wichtigste Komponente ist eine in der Tiefe des Schläfenlappens verborgene Formation, deren Gestalt den Anatomen Arantius im 16. Jahrhundert an ein Seepferdchen erinnerte. Er taufte sie deshalb auf den lateinischen Namen des Fischchens: *Hippocampus*. Einige Anatomen im 18. Jahrhundert fanden den Vergleich mit den Widderhörnern, wie sie auf altägyptischen Darstellungen den Kopf des Gottes Amun-Re zieren, mindestens ebenso treffend und wählten alternativ die Bezeichnung »Cornu Ammonis«, Ammonshorn. Vom *Hippocampus* alias *Ammonshorn* fehlen in Molaisons Gehirn jeweils die vorderen Hälften. Ebenfalls dem Messer von Scoville fielen ein unmittelbar vor dem Kopf des Seepferdchens gelegenes Kerngebiet mit dem poetischen Namen »Mandelkern« oder *Amygdala* sowie die dem *Hippocampus* benachbarte Hirnwindung *Gyrus parahippocampalis* mit den parahippocampalen sowie peri- und entorhinalen Rindenarealen zum Opfer. Bei diesen handelt es sich um entwicklungsgeschichtlich frühe Strukturen, die zum *Archeo-* und *Paleocortex* zählen.

Die für die Verfestigung von Gedächtnisinhalten entscheidende Struktur ist ebenjenes Ammonshorn, der *Hippocampus*. In ihm sitzt der Repetitor, der alle Neuigkeiten, die das Gehirn im Kurzzeitgedächtnis einer flüchtigen Betrachtung unterzogen hat, begierig aufsaugt, um sie, wenn mehr Ruhe eingekehrt ist, den einschlägigen Regionen im *Neocortex* so lange vorzutragen, bis sie dort fest etabliert sind.

H. M. konnte sich eine dreistellige Zahl über 15 Minuten nur dann merken, wenn er sie ständig wiederholte. Wurde er während dieser Übung abgelenkt, vergaß er die Zahl sofort. Er verfügte also über ein mehr oder weniger intaktes Arbeitsgedächtnis, hatte aber das Instrumentarium verloren, mit dem das Gehirn die Kluft zwischen dem Augenblick und der Zukunft überbrückt.

Schlafwandlungen

Die Strategie des Repetitors im medialen Schläfenlappen ist ähnlich der, die Lernende anwenden, wenn sie, um sich Worte oder Zahlen einzuprägen, diese mehrfach vor sich hinmurmeln. Der Repetitor wiederholt hartnäckig seine Botschaften, bis sich die Spuren, die sie in den verschiedenen Netzwerken der Großhirnrinde hinterlassen haben, so tief eingegraben haben, dass sie nicht mehr verwischen. Dieser Prozess wird »Konsolidierung« genannt.

Was sich dabei auf neuronaler Ebene zuträgt, haben elektrophysiologische Untersuchungen am Schläfenlappen von Ratten enthüllt. Im *Hippocampus* dieser Spezies wurden Anfang der 1970er Jahre Zellgruppen entdeckt, die die sinnlichen Erfahrungen, die ein Tier während der Erforschung eines neuen Umfelds macht, zu seiner jeweiligen räumlichen Position in Beziehung setzen und abspeichern. Diese Zellgruppen werden »Platzzellen« genannt. Damit ihre Information nicht in Vergessenheit gerät, wird diese in Phasen der Ruhe systematisch eingepaukt. Registriert man die neuronale Aktivität im *Hippocampus* eines Tieres, das in einem Labyrinth den Weg zu einem versteckten Leckerbissen ausfindig gemacht hat, so stellt man fest, dass exakt die gleichen Neuronengruppen, die während der Exploration an bestimmten Punkten des Labyrinths angeschlagen haben, im nachfolgenden Schlaf wieder zum Leben erwachen: Sie feuern ihre elektrischen Impulse in Form kurzer Salven ab, die in den Registrierungen der lokalen elektrischen Felder wie das plötzliche Kräuseln einer Wasseroberfläche, über die eine Brise streicht, imponieren und deshalb in der Fachsprache »Ripples« heißen. Interessanterweise finden die Entladungen der Platzzellen innerhalb der einzelnen Ripples nicht alle zum gleichen Zeitpunkt, sondern zeitlich gestaffelt statt, und zwar in genau der Reihenfolge, in der im Wachzustand die einzelnen Stationen des Labyrinths passiert wurden. Das Tier rekapituliert sozusagen im Schlaf noch einmal den Weg, entlang dem es den Köder am Ende des Labyrinths aufgespürt hatte. Beim nächsten Versuch wird es dann zielstrebig dieser Route folgen, um so schnell wie möglich an die erhoffte Belohnung zu gelangen.

Ähnliche Szenen mögen sich im Kopf unseres Besuchers abspielen, wenn er sich des Abends, erschöpft von seiner Reise durch das Laby-

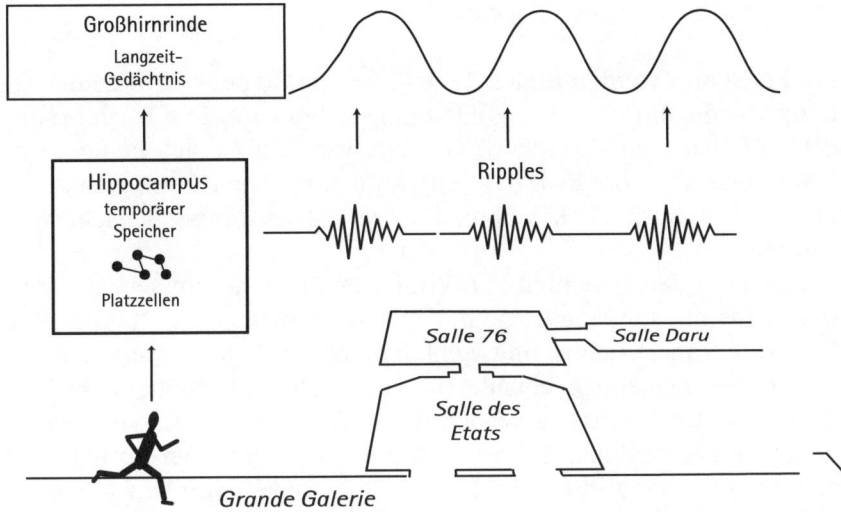

Verfestigung von Gedächtnisinhalten am Beispiel räumlicher Orientierung. Platzzellen im *Hippocampus* prägen sich die Stationen einer Route ein und gehen sie in
der Reihenfolge ihrer Passage nachts mit der Großhirnrinde mehrfach durch. Obere
Kurve: Die Ruhephasen der Großhirnrinde sind im Elektroenzephalogramm am be-
dächtigen »Auf« und »Ab« der elektrischen Spannungsschwankungen zu erkennen.
Untere Kurve: Der *Hippocampus* übernimmt den Rhythmus und feuert seine Information als »Ripples« in die empfangsbereiten »Aufs« hinein.

rinth aus Treppenfluchten und Sälen des Louvre, zur Ruhe begeben
hat. Denn auch der menschliche Schläfenlappen verfügt über Zellen,
die Örtlichkeiten zeitlich gestaffelt abspeichern. In derjenigen Phase
des Schlafes, in der die Aufzeichnung der Hirnströme nur noch ein
bedächtiges, wellenförmiges Auf und Ab anzeigt (»Slow Wave Sleep«),
schickt der *Hippocampus* die Informationen, die ihm während des
Tages von den verschiedensten Arealen der Großhirnrinde zu einem
Ereignis zugespielt wurden, zurück an die Absender. Ohne mit dem
Bombardement externer Signale in Konflikt zu geraten, können sie
dann in das Gefüge der bereits bestehenden Gedächtnisinhalte inte-
griert werden.

Wo liegt der Langzeitspeicher?

Wo im Gehirn werden Bilder, Texte oder eine so denkwürdige Begegnung wie die mit einer lächelnden jungen Frau aus dem 16. Jahrhundert auf Dauer abgespeichert? Die Wissenschaft ist sich heute ziemlich sicher, dass ihre Reaktivierung an den gleichen Orten erfolgt, an denen sie ursprünglich während ihrer Wahrnehmung verschlüsselt wurden.

Bereits in den Berichten von Wilder Penfield, der an seinem Montrealer Institut für Neurologie in den Jahren zwischen 1930 und 1950 Hunderte von Patienten mit Schläfenlappenepilepsie operiert hatte, finden sich dementsprechende Hinweise. Penfield pflegte seine Eingriffe, da das Gehirn keine Schmerzrezeptoren besitzt, vorwiegend unter lokaler Betäubung durchzuführen. Dies hatte den Vorteil, dass er die Patienten zu ihren Empfindungen befragen konnte, während er auf der Suche nach dem Epilepsieherd ihr Gehirn mit einer Reizelektrode abtastete. In zahlreichen Fällen löste er durch die elektrische Stimulation eines bestimmten Punktes am Schläfenlappen alte Erinnerungen aus. Die Patienten begannen plötzlich ein Lied aus ihrer Kindheit mitzusummen, das unter der Reizung in ihrem Kopf ertönte, einige glaubten die Stimme ihrer Mutter zu hören, die nach ihnen rief, andere fühlten sich von einer Person bedroht oder wohnten einer fröhlichen Runde im Kreis ihrer Verwandten bei. Und gelegentlich stellten sich genau diejenigen optischen oder akustischen Wahrnehmungen ein, mit denen sich ein Krampfanfall ankündigte. Penfield wusste dann, dass er mit seiner Sonde an der entscheidenden Stelle angekommen war.

Die meisten der Punkte, deren Reizung akustische Halluzinationen hervorrief, lagen auf der oberen Schläfenlappenwindung nahe dem Hörzentrum. Über Wahrnehmungen visueller Art berichteten Patienten dann, wenn die Stimulation eher am Übergang zum Hinterlappen erfolgte oder inferiore Bereiche des Schläfenlappens betraf. Eine Patientin gab an, ein Gesicht zu sehen, als ein Punkt auf dem *Gyrus fusiformis* gereizt wurde, jener Windung also, auf der unter anderem das spezifische Gesichtsareal liegt.

Sollten Sinneseindrücke in den gleichen Hirnregionen dort abgespeichert werden, wo sie ursprünglich verschlüsselt wurden, so müsste sich der Verlust einer solchen Region nicht nur auf die Inhalte des Neu-, sondern auch des Altgedächtnisses auswirken. Das scheint in der Tat der Fall zu sein. Der New Yorker Neurologe Oliver Sacks, Autor des Bestsellers *Der Mann, der seine Frau mit einem Hut verwechselte*, berichtet von einem Maler, der bei einem Autounfall ein Schädel-Hirn-Trauma erlitten hatte und seitdem seine Umgebung nur noch in Form von Hell-Dunkel-Kontrasten wahrnahm. Was diesen Fall einer nicht retinal, sondern kortikal bedingten Farbenblindheit so bemerkenswert macht, ist die Tatsache, dass nicht nur alles, was der Patient nach dem Unfall erlebt hatte, in seiner Erinnerung farblos erschien, sondern auch das, was sich seinem Gedächtnis zu der Zeit davor eingeprägt hatte, als er Farben noch sehen konnte. Ähnliche Beobachtungen wurden an Patienten gemacht, die durch Hirnverletzungen die Fähigkeit, Gesichter zu erkennen, eingebüßt hatten (*Prosopagnosie*). Nicht nur bei den ihnen aktuell begegnenden Personen, sondern auch bei denen, deren Bild sie sich aus dem Altgedächtnis in Erinnerung riefen, waren die Gesichter gelöscht.

Zahlreiche Studien, in denen während eines Gedächtnistestes die regionale Verteilung der Hirnaktivität registriert wurde, kamen ebenfalls zu dem Ergebnis, dass sich die Reaktivierung von Gedächtnisinhalten an den gleichen Orten vollzieht, an denen ursprünglich ihre Verschlüsselung erfolgte. Werden Versuchspersonen die Namen prominenter Politiker, Künstler oder Sportler mit der Aufforderung genannt, sich bei geschlossenen Augen die Gesichter der betreffenden Personen möglichst lebhaft ins Gedächtnis zu rufen, so werden im Schläfenlappen genau die Bereiche aktiv, in denen Formen, Farben und Muster verarbeitet und Gesichter erkannt werden. Gleichzeitig steigt die neuronale Tätigkeit in den Regionen des Scheitellappens an, die sich mit der räumlichen Anordnung von Merkmalen befassen. Ähnliche Beobachtungen wurden in Untersuchungen gemacht, in denen sich die Testpersonen auf einen entsprechenden Texthinweis Lieder in Erinnerung rufen sollten. In diesem Fall kam es zur Aktivierung von Rindenbezirken im oberen Schläfenlappenbereich, also dort, wo die Dechiffrierung akustischer Wahrnehmungen erfolgt.

In allen Studien wurde die Phase des Erinnerns von einer Aktivierung präfrontaler Cortex-Areale begleitet. Darüber hinaus meldeten sich regelmäßig Anteile des medialen Schläfenlappens zu Wort, unter ihnen auch der *Hippocampus*. Dessen Funktion beschränkt sich demnach nicht auf die Konsolidierung der Informationen, die er dem *Neocortex* eingepaukt hat. Er wird offenbar bis zu einem gewissen Grad auch noch benötigt, wenn es darum geht, diese Informationen im Zuge des Erinnerns wiederzufinden.

Steht das im Widerspruch zu der Beobachtung, dass sich H. M. unmittelbar, nachdem er große Teile des *Hippocampus* verloren hatte, immer noch Ereignisse aus der Zeit davor ins Gedächtnis rufen konnte? Nicht unbedingt. Gedächtnisinhalte bedürfen, wie wir aus eigener Erfahrung wissen, der gelegentlichen Auffrischung. Der *Hippocampus* scheint dazu einen wichtigen Beitrag zu leisten. H. M. stand dieser Mechanismus nicht mehr zur Verfügung. Und das ist vielleicht der Grund für die im höheren Lebensalter bei ihm festgestellten ungewöhnlich starken Verluste in der Erinnerung autobiographischer Details und deren zeitlicher Zusammenhänge.

Augenblicke hinterlassen Spuren

Welches sind genau die Strukturen, an denen unsere Erinnerungen vor Anker liegen? Ramón y Cajal, der große spanische Neurohistologe, der die filigrane Welt des Gehirns unter seinem Mikroskop so meisterhaft mit Feder und Pinsel wiederzugeben verstand, äußerte bereits zu Beginn des 20. Jahrhunderts die Vermutung, dass es die von ihm entdeckten neuronalen Schaltelemente, die Synapsen, sein könnten. Der kanadische Lern- und Neuropsychologe Donald Hebb nahm die Idee auf und baute sie in seine Überlegungen zur Funktion neuronaler Netzwerke ein. In seinem 1949 erschienenen und unter Hirnforschern als das Buch der Bücher hochverehrten Werk *The Organization of Behavior: a Neuropsychological Theory* stellt er unter anderem die Hypothese auf, dass die wiederholte Erregung einer Nervenzelle B durch eine Nervenzelle A eine, sei es infolge Veränderungen im Stoffwechsel oder durch Wachstum, Steigerung der Antwort von B auf A herbeiführt. Den experimentellen Beweis seiner These musste er zur damaligen Zeit noch schuldig bleiben. Ihn lieferte zweieinhalb Jahrzehnte später ein junges Forscherteam an der Universität Oslo.

Die beiden Neurophysiologen Terje Lomo und Tim Bliss hatten den *Hippocampus* von Kaninchen mit mehreren Sekunden anhaltenden Salven von Stromstößen stimuliert und die erstaunliche Feststellung gemacht, dass dies eine oft über Stunden anhaltende Steigerung der Reaktion auf Einzelreize auslöste. Ihre Vermutung, diese sogenannte Langzeitpotenzierung könnte das Gehirn zur Abspeicherung von Informationen nutzen, rief Gedächtnisforscher aller Fachrichtungen auf den Plan. Neurophysiologen, Neurohistologen, Pharmakologen, Informatiker, Lernpsychologen und Verhaltensforscher machten sich auf die Suche nach den Hintergründen des Phänomens. Ihre Beobachtungen bekräftigten, was Cajal Jahrzehnte zuvor schon vermutet hatte: Es müssen die synaptischen Verbindungen sein, an denen unser Gehirn seine Erinnerungen festmacht.

A   **B**

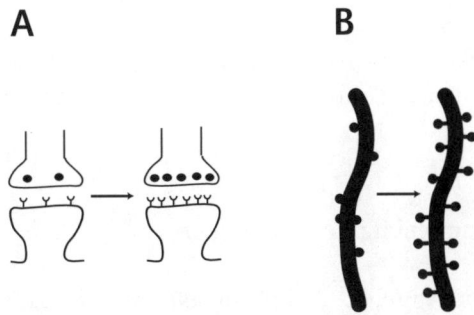

Neuronale Plastizität. A: Verstärkung synaptischer Kontakte durch Erhöhung der Produktion von Überträgersubstanzen und Rezeptoren. B: Aussprossen von Nervenfasern zur Bildung neuer Verknüpfungen.

Elektronenmikroskopische Aufnahmen zeigen, dass sich die Zahl der Speicherbläschen in den Nervenendigungen vor dem synaptischen Spalt unter Dauerstimulation erhöht. Dies lässt auf eine gesteigerte Produktion und Bevorratung von Überträgersubstanz schließen. Entleeren sich die Bläschen bei Erregung, werden mehr Transmittermoleküle in den synaptischen Spalt freigesetzt. Auf der postsynaptischen (also nach dem Synapsenspalt liegenden) Membran nimmt im Sinne eines effizienteren Signaltransfers nicht nur die Dichte der zu-

ständigen Rezeptoren zu, sondern gleichzeitig auch deren Empfindlichkeit. Der Beweis für ihre Bedeutung im Gedächtnisprozess ist einfach: Werden sie pharmakologisch blockiert, macht sich eine erhebli-
che Beeinträchtigung des Lernvermögens bemerkbar. Deutlichstes
morphologisches Zeichen einer funktionellen Anpassung ist die Ausbildung neuer synaptischer Kontakte. Wie bereits lichtmikroskopisch
zu erkennen ist, kommt es an den Dendriten zunächst zu Ausspros-
sungen, an die benachbarte Zellen mit ihren Fortsätzen andocken
und sie zu Synapsen vervollständigen.

Die Fähigkeit des Nervensystems, synaptische Verbindungen bei
Bedarf strukturell zu modifizieren oder sogar neu zu formen, wird als
»synaptische Plastizität« bezeichnet. Sie bildet die Grundlage aller
Lernvorgänge.

Der Vorgang der Konsolidierung kann Tage bis Jahre in Anspruch
nehmen. Dies könnte erklären, warum H. M. nicht nur alles vergaß,
was sich in der Zeit nach dem Eingriff ereignete, sondern in seiner
Erinnerung auch eine Lücke zu den Ereignissen der zwei vorausge-
henden Jahre klaffte: Deren Konsolidierung war einfach noch nicht
abgeschlossen.

Das Ammonshorn, Tummelplatz der Prominenz

UCLA Medical Center, Los Angeles, Abteilung Neurochirurgie: Ein
junger Mann sitzt, einen Laptop auf den Knien, in seinem Kranken-
bett, den Blick gebannt auf den Bildschirm gerichtet. »Yes«, »No«,
»No«, »Yes« kommt es in kurzen Abständen von seinen Lippen, während sein rechter Zeigefinger Tasten niederdrückt. Nichts Ungewöhn-
liches, würde man beim ersten Blick meinen: Ein Patient, der sich die
Zeit mit einem Computerspiel vertreibt. Wäre da nicht die seltsame
Haube auf seinem Kopf, aus der ein elektrisches Kabel herausführt.
Und befänden sich nicht gepolsterte Barrieren an den Längsseiten
des Bettes, eine Maßnahme, mit der üblicherweise verwirrte Personen
vor dem Sturz aus dem Bett bewahrt werden sollen. Doch der junge
Mann ist allem Anschein nach bei klarem Verstand. Das kann sich
allerdings schnell ändern: Er leidet an einer schweren, therapieresistenten Form der Epilepsie. Jeden Augenblick kann er von Krämpfen

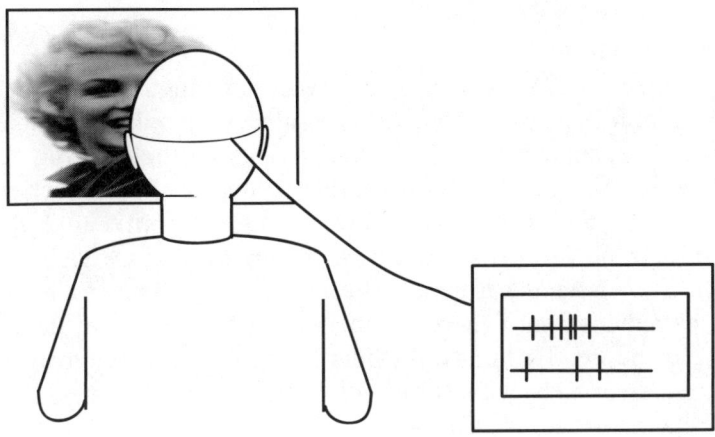

geschüttelt die Kontrolle über seinen Körper verlieren, sich verletzen oder aus dem Bett fallen.

Die Anfälle machen diesem Patienten das Leben zur Qual. Da sie medikamentös nicht mehr beherrschbar sind, wurde seine Aufnahme in das Epilepsie-Programm der UCLA veranlasst mit dem Ziel, den Herd, von dem aus sich elektrische Ströme unkontrolliert über das Gehirn ausbreiten, aufzuspüren und ihn chirurgisch auszuräumen. Nachdem der Versuch einer Eingrenzung mit Hilfe nicht-invasiver Verfahren wie des EEG oder MRI zu keinem befriedigenden Ergebnis geführt hatte, entschloss man sich zur Phase 2 der Fokussuche. Durch kleine Bohrlöcher in der Schädeldecke wurden insgesamt zehn Elektrosonden in das Gehirn eingesetzt. Über sie wurde nun fortlaufend über mehrere Tage hinweg das elektrische Geschehen in der Tiefe des Schläfenlappens verfolgt. Stellte sich ein Krampfanfall ein, so konnte aus der Position der Sondenspitze, in deren Registrierung sich das Ereignis ankündigte, unmittelbar auf den Ort seiner Entstehung geschlossen werden.

Die Sonden weisen eine Besonderheit auf, die Hirnforschern das Herz höher schlagen lässt: Aus ihrem inneren Ende ragen jeweils neun Drähtchen hervor, die so fein sind, dass über sie die Stromschwankungen in der Umgebung einiger weniger Nervenzellen erfasst werden können. Dies eröffnet die Möglichkeit, einem Neuron direkt bei der Arbeit zuzusehen, ohne dass die Patienten einer zusätzlichen Gefahr ausgesetzt wären.

Auch wenn es so scheint, ist das, was der junge Mann am Bildschirm gerade mit gespannter Aufmerksamkeit betreibt, kein Spiel. Es ist Teil eines ziemlich ambitionierten wissenschaftlichen Programms, das sich der Neurochirurg Itzhac Fried, Leiter der Epilepsiechirurgie an der UCLA, und Christof Koch, Professor für kognitive und Verhaltensbiologie am California Institute of Technology, ausgedacht haben. Sie wollen wissen, was genau die einzelnen Zellen des medialen Schläfenlappens zum Feuern veranlasst. Im Moment wird dem Patienten eine bunte Mischung aus Bildern allgemein bekannter Gebäude, Tierarten, Gebrauchsgegenstände und Persönlichkeiten des öffentlichen Lebens vorgeführt. Um sich seine Aufmerksamkeit zu sichern, ist er aufgefordert, jeweils über eine Ja/Nein-Taste anzuzeigen, ob es sich bei dem Bild um ein Gesicht oder ein anderes Objekt handelt. Gerade steht als Nummer 73 der Schiefe Turm von Pisa vor seinen Augen. Marilyn Monroe, das Sidney Opera House, Bill Clinton, der Eiffelturm, ein Beagle und Mutter Teresa werden als nächste folgen. Insgesamt sind es knapp hundert Bilder, die in dieser Sitzung vor seinen Augen in mehrfacher Wiederholung vorbeiziehen. Ob in einem der abgeleiteten Neuronen angesichts eines Bildes die Erinnerung erwacht ist, wird sich erst dann erweisen, wenn die langen Reihen abgeleiteter Aktionspotentiale von einem Rechner ausgewertet worden sind.

Sollte sich herausstellen, dass eine Zelle beispielsweise beim Anblick von Marilyn Monroe ein Feuerwerk freudigen Wiedersehens veranstaltet hat, so wird ihr in der nächsten Sitzung die Hollywood-Ikone nebst anderen Berühmtheiten erneut präsentiert werden, allerdings in unterschiedlichen Positionen und Aufmachungen. Einmal, wie sie Röcke raffend über dem New Yorker U-Bahn-Grill posiert, ein anderes Mal die Lippen zum gehauchten »Happy Birthday, Mister President« spitzend und wieder ein anderes Mal beim koketten Blick über das nackte Rund ihrer Schulter. Anhand dieser Kombinationen soll herausgefunden werden, ob es sich um eine jener Zellen handelt, die sich bei der Identifikation von Personen und Gegenständen weder von perspektivisch bedingten Konturverschiebungen noch von Beleuchtungseffekten, Farbgebung oder Hintergründen beirren lassen.

Der argentinische Bioingenieur Rodrigo Quian Quiroga, Mitarbeiter von Itzhak Fried und Christof Koch, hatte in der Tat im medialen Schläfenlappen von Epilepsiepatienten Zellen entdeckt, die bei der Präsentation eines jeweils ganz bestimmten Pop-, Film- oder Politstars in höchste Aufregung gerieten, wohingegen sie der Anblick Dutzender anderer, nicht weniger prominenter Personen völlig kalt ließ. Viele dieser Zellen schien es nicht zu kümmern, ob sich ihr Favorit von vorn, schräg rechts oder links präsentierte, ob er in der Totalen, Halbtotalen oder als Close-up, ob er in Color oder Schwarz-Weiß oder gar nur als Cartoon auf der Netzhaut stand. Sie beherrschten also jene Form der Objekterkennung, die Neuropsychologen als »invariant« bezeichnen.

Aber das war noch nicht alles: Einige der Zellen konnten noch mehr. Sie begannen zur Verblüffung der Forscher selbst dann stürmisch zu feuern, wenn auf dem Bildschirm nicht das Bild ihres Favoriten, sondern lediglich dessen Name erschien. Und in manchen Fällen genügte es zu ihrer Aktivierung sogar, wenn der Schirm leer blieb und der Name nur aus einem Lautsprecher ertönte.

Einige Zellen im medialen Schläfenlappen antworten sowohl auf das Bild als auch auf den geschriebenen oder sogar auf den nur gesprochenen Namen einer bestimmten Person.

Die Prominenz vergangener Jahrhunderte wurde in den Experimenten nicht vorgestellt. Dies geschah nicht in der Befürchtung, sie könnten mangels entsprechender TV-Präsenz im Langzeitgedächtnis der Kalifornier zu selten vertreten sein, sondern aus dem einfachen Grund, dass sich mit ihnen schlecht die Invarianz der Objekterkennung prüfen lässt. Leonardo hat die Mona Lisa, soweit wir wissen, nur einmal dargestellt. Wir kennen sie nur *en face*.

Ariadnefaden durch das Labyrinth der Erinnerungen

Der Grad der Selektivität, mit dem in den Experimenten von Fried, Koch und Mitarbeitern Zellen des *Hippocampus*, des *entorhinalen Cortex* oder des Mandelkerns auf die Präsentation bestimmter Personen und Objekte reagierten, ist verblüffend. Einige Zellen steigerten beim Anblick ihres Stars die Zahl ihrer pro Zeiteinheit abgegebenen Impulse um das bis zu 30fache des Ausgangswertes, während sich ihre Aktivität angesichts anderer Personen oder Objekte kaum vom Grundrauschen unterschied. Gibt es sie also doch, die Kardinal- oder gnostischen Zellen, die Jerry Lettvin in seiner Anekdote scherzhaft als »Großmutterzellen« verunglimpfte? Die kalifornischen Wissenschaftler gingen der Frage mit Hilfe einer Wahrscheinlichkeitsanalyse nach und kamen zu dem Schluss, dass auf keine ihrer Zellen diese Bezeichnung zutreffen könne. Unter Zugrundelegung der Daten aus 34 Experimenten mit insgesamt 1425 Ableitungen errechneten sie, dass unter 200 willkürlich gewählten Stimuli jeweils nur einer in der Lage sei, einer Zelle im medialen Schläfenlappen eine Antwort zu entlocken. Bei einer geschätzten Zahl von 10 000 bis 30 000 Objekten, die ein Erwachsener erkennt, würde dies bedeuten, dass eine einzelne Zelle auf 50 bis 150 verschiedene Stimuli reagiert. In der Tat fanden sich bei den Untersuchungen immer wieder Einheiten, die bei einer Serie von knapp 100 Bildern nicht bloß auf eine Darstellung hin aktiv wurden. In einem Fall waren es der Eiffelturm und der Schiefe Turm von Pisa, angesichts derer eine Zelle verstärkt zu feuern begann. In einem anderen zwei Fernsehstars, die in der gleichen TV-Serie auftraten, und in noch einem anderen vier Personen, denen der Patient tags zuvor im Rahmen des wissenschaftlichen Projektes begegnet war.

Diese Beispiele zeigen, dass hinter der Treffsicherheit, mit der diese Zellen Personen oder Objekte identifizieren, mehr steckt als die Wahrnehmung bestimmter visueller oder akustischer Attribute. Was sie verschlüsseln, sind nicht mehr konkrete Merkmale, wie sie die Signale der Zellen der Objekterkennung im inferioren Schläfenlappen verkörpern, sondern etwas viel Abstrakteres: Es ist die Idee oder das Konzept, das sich hinter der Kombination bestimmter Attribute verbirgt. Das Konzept, das den Eiffelturm und den Schiefen Turm von Pisa verbindet, könnte die durch ihre Größe beeindruckende touristische Attraktion sein. Im Falle der beiden Fernsehstars wäre es eine unterhaltsame Fernsehserie. Und der gemeinsame Nenner für die Erscheinung der vier, die sich um das Forschungsprojekt kümmerten, wäre die Vorstellung von Repräsentanten der Wissenschaft.

Was die von Fried, Koch und Mitarbeitern entdeckten Zellen auszeichnet, ist also ihr Wissen um Zusammenhänge. Sie haben im Zuge der Konsolidierung im Labyrinth des *Neocortex* einen roten Faden gesponnen, der den Weg zu all den Schaltkreisen weist, in denen Informationen zu einem Erlebnis abgelegt wurden. Flammt in Beantwortung irgendeiner Wahrnehmung in einem der Schaltkreise die Erinnerung auf, verwandelt sich der Faden in eine Zündschnur. Aus dem lokalen Funkenschlag wird ein Lauffeuer, das alles in Brand setzt, was zu ihr in Beziehung steht.

17. Ist Mona Lisa schön?

Wer einmal der Mona Lisa in der Salle des États gegenübergestanden hat, dem geht ihr Bild so schnell nicht mehr aus dem Kopf. Was findet unser Gehirn an ihr so bemerkenswert, dass es sie dem Gedächtnis einverleibt? Ist es ihre Schönheit? Ist es der Blick? Das Lächeln?

Zum Wesen der Schönheit bemerkte Leonardo in seinem Traktat über die Malerei:

>»Der Malerei, die im Dienste des edelsten aller Sinne, des Auges, steht, entspringt die Harmonie der Proportionen; ganz so wie viele unterschiedliche Stimmen, wenn sie sich zum Chor vereint gleichzeitig erheben, in einem harmonischen Verhältnis zueinander stehen und damit dem Ohr des Zuhörers solche Genugtuung verschaffen, dass dieser in stummer Bewunderung erstarrt. Die Wirkung der schönen Maße eines engelsgleichen Gesichtes in einem Gemälde ist jedoch noch viel größer, denn deren harmonische Abstimmung erreicht das Auge mit einem Blick, wie in der Musik ein [einzelner] Akkord das Ohr. Und wenn diese herrliche Harmonie dem Liebhaber der portraitierten Schönen gezeigt wird, verstummt dieser augenblicklich voller Bewunderung und verspürt eine innere Freude, die unter allen anderen Empfindungen nicht ihresgleichen hat.« (Leonardo da Vinci, *Das Buch von der Malerei. Nach dem Codex Vaticanus (Urbinas) 1270*, 1. Bd. Wien 1882, S. 22.)

Der ästhetische Reiz eines Gesichtes ist für den Betrachter also messbar. Es gilt folgende Faustregel:

>»Der Abstand zwischen Kinn und Nase und der zwischen Augenbrauen und dem Haaransatz ist gleich der Höhe des Ohrs und beträgt ein Drittel des Gesichts.« (*The Notebooks of Leonardo da Vinci*. Vol. 1, Chapt. VII 311. 1883 Dover Publications Inc. Dover 1970, S. 171).

Ist es also die Harmonie der Proportionen, die Mona Lisa so reizvoll erscheinen lässt? Die Maße ihres Gesichts entsprechen in der Tat dem von dem altrömischen Architekten Vitruv inspirierten Ideal Leonardos. Das Ohr hat uns der Meister zwar vorenthalten. Aber die Partien zwischen Kinn und Nasenspitze sowie Nasenwurzel und Haaransatz sind von etwa gleicher Länge und erfüllen damit sein Schönheitskriterium der vertikalen Drittelung des Gesichts. Kunsttheoretiker mit einer Liebe zur Geometrie haben nach weiteren ästhetischen Parametern gefahndet und festgestellt, dass sich der Umriss von Mona Lisas Gestalt in ein »goldenes Dreieck« einfügen lässt: Dieses setzt sich aus zwei gleich langen Schenkeln zusammen, deren Länge ins Verhältnis zur Basis gesetzt jeweils genau die Zahl der göttlichen Proportion, auch »Goldener Schnitt« genannt, ergibt, nämlich 1,618. Fasst man Mona Lisas Gesicht in ein Rechteck ein, so errechnet sich aus dem Verhältnis der Längs- zur Querseite ebenfalls dieser Wert. Und der Wunder nicht genug: Selbst die Beziehung zwischen den Abständen Lippenspalt und Kinn sowie Augenhöhe und Lippenspalt gehorcht der goldenen Regel. Doch kommt man dem Wesen der Schönheit mit Zirkel und Lineal auf die Schliche? Lässt sich so etwas Subjektives wie die Empfindung »schön« objektivieren?

Wie funktioniert Schönheit?

Hirnforscher mit schöngeistigen Ambitionen haben einen neuen Wissenszweig gegründet, die Neuroästhetik. Ihr Studienobjekt ist nicht das äußere Erscheinungsbild des Schönen, sondern der Abdruck, den das Schöne im Gehirn hinterlässt. Es kümmert sie nicht, wie Schönheit aussieht, sondern wie sie funktioniert.

Was haben die Neuroästhetiker bisher herausgefunden? Einer Untersuchung des Parmesaner Neurowissenschaftlers Giacomo Rizzolatti zufolge scheint das menschliche Gehirn für Proportionen, die dem Goldenen Schnitt entsprechen, tatsächlich einen besonderen Sinn entwickelt zu haben. Der Entdecker der Spiegelneuronen hatte versucht, das Empfinden für schöne Proportionen im Gehirn genauer zu verorten. Den Versuchsteilnehmern wurden die Fotografien anerkannt schöner Skulpturen der Klassik und Renaissance präsentiert, während ihre Hirnaktivität im Magnetresonanz-Tomographen gemessen wurde. Gezeigt wurden jeweils das Original und Versionen, in denen mittels Bildbearbeitung das Verhältnis von Rumpf- zu Extremitätenlänge entgegen der Regel des Goldenen Schnitts verändert worden war. Fast alle Teilnehmer fanden an den wohlproportionierten Originalen Gefallen. Der ästhetische Reiz modifizierter Versionen wurde mehrheitlich negativ beurteilt. Wie zu erwarten war, kam es im Scan zur Aktivierung verschiedener Regionen im »Wo«- und »Was«-Pfad des visuellen Cortex. Darüber hinaus wurden Teile des vorderen Stirn- und des Scheitellappens tätig. Besonders bemerkenswert war, dass unter der Betrachtung wohlproportionierter Statuen jenes Areal erregt wurde, das die Anatomen als *insula* bezeichnen. Es handelt sich um eine etwa 5 cm lange, ovale Rindenregion, die in der Tiefe des Gehirns erst dann sichtbar wird, wenn man die über ihm liegenden Anteile von Stirn-, Scheitel- und Schläfenlappen entfernt. Die Insel gilt als Gefühlszentrum. Sie reagiert in jeweils unterschiedlichen Abschnitten auf Streicheln, Schmerz, angenehme und ekelerregende Gerüche, Wohlgeschmack, Lächeln, böse und leidvolle Mienen, schrille Dissonanzen und harmonische Akkorde. Über aufsteigende sensible Nervenbahnen horcht sie auch ins Innere des Körpers hinein und registriert, wenn diesen ein Schauder erfasst oder prickelnde Wärme durchströmt, wenn vor Freude das Herz klopft, sich vor Abscheu der Magen zusammenkrampft, die Blase Meldung macht oder Zeichen sexueller Erregung sich einstellen. Aus der Summe der Empfindungen destilliert sie die Antwort auf die Frage: »Wie fühlst du dich?«

Ebenso wie der Anblick edler Körpermaße versetzt auch die Begegnung mit schönen Gesichtern die Insel in Aufregung. In einigen dieser Untersuchungen leuchtete zusätzlich ein Kerngebiet in ihrer unmittelbaren Nachbarschaft auf, das wegen seiner Form *amygdala*, Mandelkern, genannt wird. Der Mandelkern tritt bei allen Wahrnehmungen, mit denen sich Gefühle verbinden, in Aktion. Der Ausdruck des Schreckens auf einem Gesicht stellt einen besonders starken Stimulus für ihn dar. Fällt der Mandelkern aus, bereitet den Betroffenen unter anderem das Lesen in Gesichtern Schwierigkeiten. Dies haben Experimente an Patienten gezeigt, die aufgrund zerebraler Erkrankungen oder chirurgischer Eingriffe einseitig oder beiderseits den Mandelkern verloren hatten. Als man, während sie versuchten, einen Gesichtsausdruck zu interpretieren, ihre Augenbewegungen aufzeichnete, stellte man fest, dass sich ihr Blick nicht wie bei gesunden Personen vorwiegend auf die Augenpartie konzentrierte, sondern unkontrolliert im Gesicht umherirrte oder um die Mundregion kreiste. Kein Areal im Gesicht verrät so viel über Gefühle wie die Augenpartie.

Dass schöne Gesichter nicht nur die angeborene Sehnsucht nach formaler Harmonie befriedigen, sondern als belohnend oder sogar begehrenswert empfunden werden können, bestätigt eine Untersuchung, in der die Reaktion männlicher Probanden auf die Porträts weiblicher Schönheiten mit ihrer Reaktion auf männliche Gesichter gleichen Prädikats verglichen wurde. Die klare Präferenz für die Schönheit des anderen Geschlechts gegenüber der des eigenen äußerte sich in einer verstärkten Aktivierung des *nucleus accumbens*, eines Kerngebiets, das an der Basis der beiden Großhirnhälften die Bauchseite des Streifenkörpers (*ventrales Striatum*) einnimmt. Es spricht auf Belohnungen aller Art einschließlich Drogen an und spielt eine wichtige Rolle bei der Motivation und dem Lernen.

Semir Zekis Schönheitsfleck

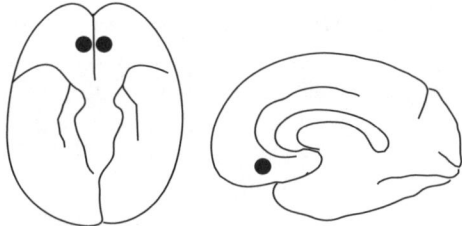

Das von Zeki postulierte Zentrum für ästhetisches Empfinden liegt im *medialen orbitofrontalen Cortex.*

Die Entscheidung, wie anziehend man ein Gesicht findet, wird vermutlich unmittelbar hinter der Stirn getroffen. In praktisch allen Studien, in denen mit Hilfe bildgebender Verfahren nach dem Sitz ästhetischen Empfindens gefahndet wurde, kam es bei der Beantwortung der Frage nach »schön« oder »hässlich« zu einer Verstärkung der Signale über dem vorderen Stirnhirn. Betroffen war insbesondere die Region, die wegen ihrer Lage oberhalb der Augenhöhlen (*orbita*) die Bezeichnung »Orbitofrontaler Cortex« (OFC) trägt. Der Hirnforscher und Begründer des Londoner Instituts für Neuroästhetik, Semir Zeki, vertritt die Auffassung, dass sich dort ein übergeordnetes Zentrum für ästhetische Empfindungen befindet. Er verfolgte die Hirnaktivität seiner Versuchspersonen nicht nur während der ästhetischen Beurteilung von Gesichtern, sondern auch bei der Betrachtung künstlerischer Darstellungen und stellte fest, dass unabhängig davon, ob es sich um konkrete oder abstrakte Kunst handelte, im medialen OFC ein fingerkuppengroßes Areal jedesmal dann aktiv wurde, wenn ein als besonders schön bewertetes Werk vorgestellt wurde. Als er anstelle von Bildern Musik anbot, kam in den Fällen, in denen diese als schön empfunden wurde, das gleiche Areal zur Darstellung. Andere Studien fanden heraus, dass darüber hinaus der mediale OFC auch durch leckere Speisen oder angenehme Düfte erregt wird. Je tiefer die Empfindung nach den Angaben der Versuchsteilnehmer war, umso stärker fiel die neuronale Antwort in diesem Areal aus.

Der vordere Stirnlappen, der ventrale Streifenhügel, die Insel, der Mandelkern sowie ein Areal in der oberen Furche des Schläfenlappens (STS), in dem Mund- und Augenbewegungen registriert werden, sind zu einem Schaltkreis zusammengeschlossen, der den einfühlsamen Umgang der Menschen miteinander regelt. Die Neuropsychologie spricht in Veranschaulichung dieser Funktion vom »Sozio-emotionalen Gehirn«.

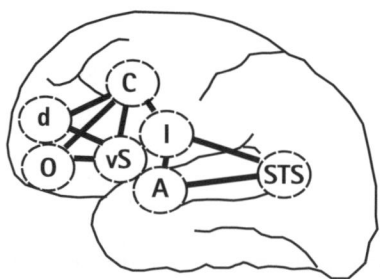

Wichtige Knotenpunkte im sozio-emotionalen Netzwerk. A: *Amygdala* (Mandelkern), C: vorderes *Cingulum*, d: *dorsaler präfrontaler Cortex*, I: Insel, O: *orbitofrontaler Cortex*, vS: *ventrales Striatum*, STS: oberer Schläfenlappengraben.

In ihm wird innerhalb von oft nur Bruchteilen von Sekunden über Sympathie oder Abneigung entschieden. Das wichtigste Instrument ist dabei das Auge. Zur Beurteilung des ästhetischen Reizes eines Gesichts genügt ihm bereits ein einziger kurzer Blick. Und kaum länger dauert es, bis es das Mienenspiel des Gegenübers entziffert und durchschaut hat, was sich gerade in seinem Inneren abspielt. Noch bevor Worte gefallen sind, ist somit das emotionale Feld abgesteckt, innerhalb dessen sich die Begegnung erst einmal abspielen wird.

Blick in eine schöne Seele

Neuropsychologen haben eine Reihe von Verfahren entwickelt, um die Funktion des sozio-emotionalen Gehirns zu überprüfen. Dazu zählt unter anderem die Aufgabe, das Mienenspiel anderer zu interpretieren. Taugt Mona Lisas Abbild dazu? Kunstliebhaber werden die Frage als respektlose Herabwürdigung ihrer Ikone zum Testbild empfinden. Wahrnehmungspsychologen erschiene die Idee dagegen gar nicht so absurd. Was hatte Leonardo mit dem Werk im Sinn? Es ging ihm nicht um Lobeshymnen, die Ästheten erneut auf die vollendete Harmonie seiner Farben und Formen anstimmen würden. Dass er seine Kunst beherrscht, hatte er längst mit den Darstellungen so seelenloser Schönheiten wie der Ginevra Benci oder Cecilia Galleran (der Dame mit dem Hermelin auf dem Arm) bewiesen. Er wollte mehr: Sein Ehrgeiz bestand darin, dass dem Betrachter in dem Bild nicht ein weibliches Wesen gegenübertritt, vor dessen Schönheit er in stumme Anbetung versinkt, sondern eines, das so voller Leben ist, dass er sich zum Dialog ermuntert fühlt. »Ein guter Maler muss Zweierlei malen, nämlich den Menschen und die Absicht seiner Seele. Das Erstere ist leicht, das Zweite schwer« vermerkte er in seinem Traktat. Und so begnügte er sich nicht damit, im meisterhaften Spiel von Licht und Schatten das Ebenmaß in Mona Lisas Zügen hervorzuheben. Um ihrem Abbild Leben einzuhauchen, lässt er sie den Kopf ein wenig wenden, damit sie den Betrachter ins Auge fassen kann. Und über ihre Miene breitet er »gleich einem sanften Dur-Akkord« den Ausdruck heiterer Vertraulichkeit.

Hellt sich angesichts so viel freundlich zugewandter äußerer und innerer Harmonie dann auch der Blick des Betrachters auf, so hat der Meister sein Ziel erreicht. Mit seiner Kunst hat er Mona Lisa mitten in dessen sozio-emotionales Gehirn gebeamt.

18. Der Blick

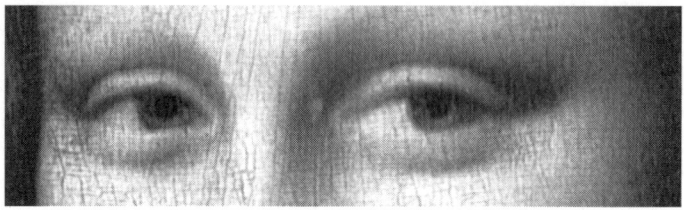

Warum sieht uns Lisa in die Augen? Warum lässt der Meister sie nicht wie die Benci mit schweren Lidern ins Leere starren? Die Macht des direkten Blicks war Leonardo ebenso bekannt wie den flämischen Malern, auf deren Genrebildern inmitten einer Gruppe eine Person dem Betrachter herausfordernd ins Gesicht schaut. Er wusste, dass nichts unsere Aufmerksamkeit so magisch anzieht wie ein Paar Augen, das auf uns gerichtet ist. Psychologen haben sich mit dem Phänomen wissenschaftlich auseinandergesetzt. Bei Testpersonen, die mit einer Schar von Augenpaaren konfrontiert wurden, die alle bis auf eines vom Betrachter abgewandt waren, dauerte es nur Bruchteile von Sekunden, bis sich ihr über das Bild schweifender Blick prüfend auf das direkt auf sie gerichtete Paar heftete. War dagegen ein abgewandtes Augenpaar in einer Schar von Paaren, die alle den Betrachter ansahen, versteckt, so wurde diesem kein größeres Interesse geschenkt.

Die besondere Anziehungskraft des Blickkontaktes beruht auf einem Reflex, der offenbar nicht erlernt, sondern vom ersten Tag des Lebens an beherrscht wird. So betrachten bereits Neugeborene Gesichter, deren Augen auf sie gerichtet sind, doppelt so lange wie solche mit abgewendetem Blick. Wie heftig es dabei in ihnen arbeitet, ist am Hirnstrommuster über ihrem Hinterkopf abzulesen. Sie sind damit beschäftigt, das Gesicht und die Miene des Gegenübers abzuspeichern. Im Alter von fünf bis sechs Monaten werden sie in der Lage sein, in Gesichtern zu lesen. Dann werden sie nicht nur »vertraut« von »fremd«, sondern auch »freudig bewegt« von »ängstlich« unterscheiden können. Wie Untersuchungen an Erwachsenen zeigen, vermag dabei keine Gesichtsregion die Absichten und die innere Verfassung eines Menschen so facettenreich und untrüglich zu vermitteln wie die Partie der Augen. Die Sprache bringt dies wortreich zum Ausdruck: Augen können leuchten, lachen oder blitzen und Blicke können einladen oder abweisen, heiter oder traurig, furchtsam oder kühn, offen oder falsch, sanft oder drohend sein. Manchmal würden sie sogar am liebsten töten.

Blicke gehen unter die Schläfen

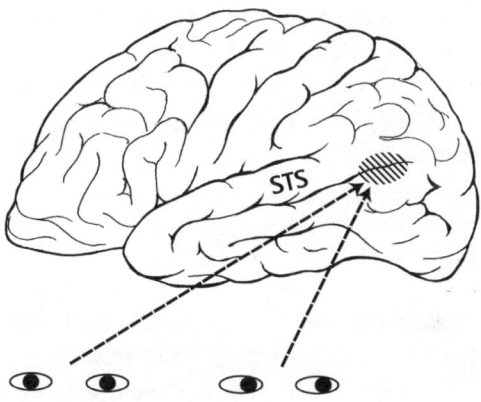

Ein Zentrum zur Blickregistrierung liegt am hinteren Ende des oberen Schläfenlappengrabens (STS).

Angesichts der überragenden Bedeutung, die den Augen in der nichtverbalen Kommunikation zukommt, überrascht es wenig, dass die Wahrnehmung von Blicken im Gehirn einem speziellen Areal vorbehalten ist. Klinischen, elektrophysiologischen und magnetresonanztechnischen Studien zufolge befindet es sich im *Sulcus temporalis superior* (STS), dem oberen der beiden Gräben, die den Schläfenlappen an seiner Außenseite längs durchziehen. In der fMRI-Darstellung leuchtet neben den Gesichtsarealen im *fusiformen Gyrus* (FFA) und im Hinterlappen (OFA) dort ein eng umschriebener Bezirk hell auf, wenn Versuchspersonen in Frontalansicht Porträts präsentiert werden. Im Gegensatz zur FFA und OFA reagiert der Bezirk deutlich stärker auf Augenpaare in Isolation als auf vollständige Gesichter und wird dann besonders aktiv, wenn sich in einem ansonsten unbewegten Gesicht die Blickrichtung ändert. Darüber hinaus werden von ihm Bewegungen des Mundes registriert. Beobachtungen an Patienten mit einer Schädigung im seitlichen Schläfenlappenbereich bestätigen die Bedeutung des STS bei der Wahrnehmung von Augen- und Mundpartie. Diese sind häufig nicht in der Lage, Blickrichtungen voneinander zu unterscheiden oder von den Lippen zu lesen, obwohl sie Gesichter klar erkennen. Demzufolge besteht im Gehirn offenbar, in Bezug auf den Umgang mit Gesichtern, eine Arbeitsteilung. Die FFA im ventralen Teil des Schläfenlappens befasst sich hauptsächlich mit den statischen Aspekten eines Gesichts. Das Ziel besteht in seiner Identifikation. Im STS wird dagegen das Mienenspiel verfolgt. Aus ihm sollen Rückschlüsse auf die Absichten und Gefühle der betreffenden Person gezogen werden.

Warum verfolgt uns Lisas Blick?

Sind wir die einzigen Glücklichen, denen Lisa einen Blick zuwirft? Wir tauschen zur Probe den Platz mit einem anderen Besucher. Keine Veränderung: Sie sieht uns weiterhin an. Wir wechseln erneut unseren Standort. Ihr Auge bleibt unverwandt auf uns gerichtet. Wohin wir uns auch begeben, aus welcher Position auch immer wir zu ihr aufschauen, stets begegnen wir ihrem Blick, und dies, obwohl wir deutlich erkennen, wie sich die Konturen des Rahmens, der ihr Abbild umgibt, mit unserer Bewegung verschieben. Fällt unser Blick frontal, das heißt im rechten Winkel auf die Bildebene, so steht der Rahmen als Rechteck auf unserer Netzhaut. Begeben wir uns in eine mehr seitliche Position, so verkürzt sich seine Projektion in der Breite, was in unserer Wahrnehmung einer Drehung um die Längsachse in Gegenrichtung entspricht. Lisa macht diese Drehung nicht mit. Ganz im Gegenteil. Ihr Bild rotiert gegensinnig zum Rahmen, so dass der Blickkontakt nicht abreißt.

Der Spuk hätte schnell ein Ende, hätte Leonardo die Mona Lisa nicht auf einem Pappelholz verewigt, sondern sie in Stein gemeißelt, oder würden wir ihr leibhaftig begegnen. Denn über die empfundene Blickrichtung entscheidet die Stellung der Regenbogenhaut (*Iris*) samt Pupille innerhalb des weißen Anteils (*Sklera*) im Augapfel. Sie ist beim Menschen besonders leicht auszumachen, da die Natur bei ihm dem Weiß im Auge so viel Platz eingeräumt hat wie bei keinem anderen Lebewesen. Würde es sich bei Lisa um eine Plastik handeln, so wären ihre Augen gewölbt. Bei seitlicher Betrachtung würde sich die Relation zwischen *Iris* und *Sklera* verändern und damit der Blickkontakt abreißen.

Blicke, die unter die Haut gehen

Kreuzt sich unser Blick mit dem einer anderen Person, schärfen sich schlagartig unsere Sinne. Mit der direkten Blickzuwendung hat unser Unterbewusstsein aus der Flut an Information, die über uns mit jeder Sekunde hereinbricht, ein Signal herausgefiltert, das möglicherweise eine Handlung erforderlich macht und daher schnell und eingehend geprüft werden muss. Stammt der Blick aus Augen, die vor Schreck geweitet sind, geht das Gehirn wegen der möglichen Bedrohung unserer eigenen Person besonders hektisch vor. Um keine Zeit zu verlieren, überspringt es einige Stationen in der Verarbeitung visueller Eindrücke und überträgt die Meldung unter Verzicht auf Details und Farbe als ziemlich unscharfes Schwarz-Weiß-Bild auf dem Wege der Verbindung zwischen den magnozellulären Ganglien der Netzhaut und höheren corticalen Zentren. Eines dieser Zentren ist die *Amygdala*, der Mandelkern. Sie liegt im Inneren der Schläfenlappen und ist unter anderem eng mit dem sympathischen Nervensystem vernetzt. Die Übertragung erfolgt so schnell, dass Gänsehaut und Herzklopfen einsetzen, noch bevor der Anblick in unser Bewusstsein eintritt.

19. Das Lächeln

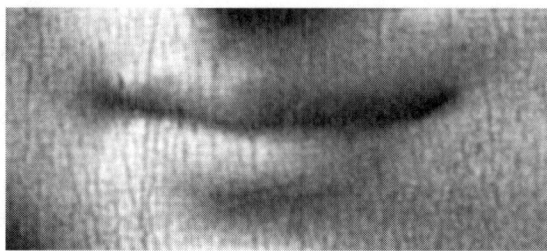

Leonardo begnügt sich nicht damit, die Aufmerksamkeit des Betrachters einzufangen, indem er Mona Lisas Augenpaar direkt auf ihn richtet. Er umwirbt ihn noch mit einem weiteren Trick. Er setzt Mona Lisa ein sanftes Lächeln auf. Und der Betrachter fühlt sich beschenkt.

Lächeln ist Schokolade für das Gemüt

Hirnforscher haben herausgefunden, dass der Anblick eines Lächelns im Gehirn ähnliche Strukturen aktiviert wie die Wahrnehmung eines betörenden Duftes, das Schwelgen in wundervoller Musik oder das Naschen von Schokolade. Unter dem genussvollen Verzehr von Schokolade wird im Magnetresonanz-Scan eine Zunahme der Signale über dem medialen *orbitofrontalen Cortex* (mOFC), der Insel, der Bauchseite des Streifenkerns und dem *ventralen Tegmentum* im Mittelhirn registriert. Schokolade wird von Erziehungsberechtigten mit Erfolg zur Durchsetzung ihrer pädagogischen Ziele eingesetzt. Sie zählt deshalb, verhaltenspsychologisch ausgedrückt, zu den positiven Verstärkern. Als solcher ist sie allerdings nur so lange wirksam, wie sie nicht im Übermaß genossen wird. Wird man genötigt, mehr, als einem lieb ist, zu sich zu nehmen, schlägt die Lust in Überdruss um. Die Schokolade wird zum negativen Verstärker. Neurophysiologisch macht sich dies in einer Abnahme der Signale im medialen OFC und einer Zunahme in dessen seitlich davon gelegenem, sogenanntem lateralem Anteil bemerkbar. Dass der OFC die entscheidende Instanz bei der Bewertung von Sinneswahrnehmungen darstellt, zeigt auch eine Untersuchung, in der die Auswirkungen der Sättigung auf das Geruchsempfinden geprüft wurden: Der Duft von Bananen erwies sich nur so lange als Signalverstärker für den medialen OFC, als die Teilnehmer der Studie noch keine Bananen zu sich genommen hatten. Die Wirkung war jedoch verflogen, nachdem der Appetit auf die Früchte durch deren ausgiebigen Konsum gestillt worden war. Der Effekt anderer wohlriechender Düfte wie etwa der von Vanille auf den medialen OFC blieb von dieser gewandelten Einstellung unberührt.

Der mediale Anteil des OFC wird somit immer dann aktiv, wenn unter den gegebenen Umständen eine Wahrnehmung als profitabel erscheint. Sind aufgrund der aktuellen Situation von ihr eher Unannehmlichkeiten zu befürchten, tritt sein lateraler Anteil in Aktion.

Der englische Verhaltensphysiologe John O'Doherty stellte fest, dass der OFC auch bei der Beurteilung der Anziehungskraft von Gesichtern das entscheidende Wort hat. Er zeigte den Teilnehmern einer Studie eine Serie von Porträtfotos, die auf einer Skala von 1 bis 7 von »unattraktiv« bis »sehr attraktiv« einstuft werden sollten, und beobachtete im fMRI, was sich bei der Betrachtung der einzelnen Bilder im Gehirn ereignete. Das Ergebnis entsprach dem des Schokoladenexperiments. Der Anblick von Gesichtern, die als attraktiv bewertet wurden, ging jeweils mit einer Verstärkung der Signale über dem medialen Anteil des OFC einher. Als unattraktiv bewertete Gesichter riefen dagegen eine Aktivitätssteigerung innerhalb des lateralen OFC hervor.

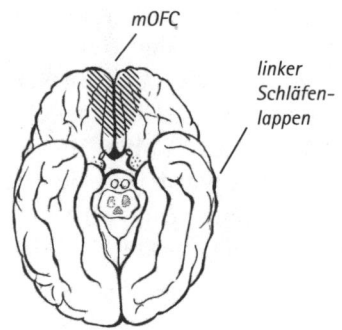

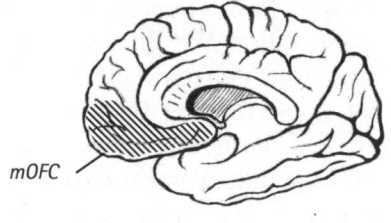

Hirnbasis (links) und Innenfläche der rechten Hemisphäre. mOFC: *medialer orbitofrontaler Cortex*

Um herauszufinden, ob sich das, was die Miene an Gefühlen ausdrückt, auf die Bewertung auswirkt, präsentierte O'Doherty die Gesichter hoher Attraktivität einmal mit indifferentem Gesichtsausdruck und einmal mit einem leichten Lächeln auf den Lippen. Der
Blick der dargestellten Personen war dabei stets auf den Betrachter
gerichtet. Es zeigte sich, dass Lächeln als eine deutliche Heraufset-
zung der Attraktivität empfunden wurde. Dies Urteil war offenbar
unter Mitwirkung des medialen OFC gefällt worden, denn im Hirn-
Scan war über seiner Position jeweils dann eine deutliche Zunahme
der Signalstärke zu verzeichnen, wenn den Probanden anstelle des
neutralen ein lächelndes Gesicht entgegenblickte. Schönheit ist also
steigerungsfähig: Wird der positive Verstärker Lächeln angeknipst, er-
strahlt sie in noch hellerem Licht.

Gesichtsmimikri

Würde man aus der Perspektive der Mona Lisa auf die Besucher des
Salle herabblicken, so würde man feststellen, dass einige unter ihnen
mit einem Lächeln um die Mundwinkel zu ihr aufschauen, als hätte
sie die schöne Dame mit ihrer Heiterkeit angesteckt. Das, was sich
auf den Gesichtern abspielt, wird von Verhaltensforschern als »Gesichtsmimikri« bezeichnet. Sie scheint ein angeborener Reflex zu
sein. Bereits Babys im Alter von wenigen Stunden bis Tagen imitie-
ren den Ausdruck von Freude, Trauer oder Überraschung, der ihnen
von der Mutter vorgespielt wird.

Die Betrachter vor Lisas Bild sind sich dabei ihres eigenen Lächelns nicht bewusst. Es stellt eine spontane, nicht willentlich ausge-
löste Reaktion dar. Dass die Nachahmung von emotionalen Gesichts-
ausdrücken genauso wie das Öffnen des Mundes beim Erschrecken
oder das Heben der Oberlippe beim Empfinden von Ekel rein reflek-
torischer Natur ist, hat der schwedische Psychologe Dimberg in einem Experiment nachgewiesen: Versuchspersonen wurden Gesichter
mit freundlicher, ärgerlicher oder indifferenter Miene vorgeführt und
die mimische Antwort darauf in Form der elektrischen Aktivität des
großen Jochbeinmuskels (Freude) und des Zusammenziehers der
Brauen (Ärger) registriert. Wurden Gesichter mit indifferentem Aus-

druck gezeigt, so änderte sich wenig an der Aktivität dieser Muskeln. Gingen dieser Präsentation jedoch für lediglich 30 tausendstel Sekunden Bilder von einem freundlichen oder ärgerlichen Gesicht voraus, kam es zu der entsprechenden muskulären Reaktion, obwohl für die Probanden die Dauer der Einblendung zu kurz war, um bewusst wahrgenommen werden zu können.

Welchem Ziel dient die Anpassung der eigenen Miene an die einer anderen Person? Zunächst einmal signalisiert sie so schnell und unmissverständlich, wie es Worte nicht vermögen, dass die Zeichen der Freude, Trauer, Wut oder Angst beim Gegenüber angekommen sind. Es entsteht emotionaler Gleichklang.

Doch dies scheint, darf man den Untersuchungen einiger Psychologen glauben, nicht der einzige Sinn zu sein. Das Mimikri soll auch als Verstärker auf die Tiefe der Empfindungen dessen zurückwirken, der es unbewusst zur Schau stellt. Das ist erstaunlich, da der Betreffende weder sein eigenes Gesicht sehen noch das, was es gerade ausdrückt, optisch kontrollieren kann. Der einzige Weg, ohne Spiegel zu erfahren, was auf den eigenen Zügen geschrieben steht, führt über Sensoren in der Muskulatur und Haut des Gesichtes, die dem Gehirn darüber Mitteilung machen, welche Stellung die einzelnen Muskeln gerade einnehmen. Nach dieser Vorstellung muss es also das »gefühlte« Gesicht sein, das sich den seelischen Empfindungen aufprägt und ihnen damit Nachdruck verleiht.

Zahlreiche Studien haben sich in der Vergangenheit um eine möglichst objektive Beantwortung der Frage bemüht, ob die Miene tatsächlich auf die Gemütslage zurückwirkt.

Der amerikanische Anthropologe Paul Ekman ließ Probanden und Schauspieler die Ekel, Ärger, Furcht, Trauer und Fröhlichkeit entsprechenden Mienen nachstellen, während er zur Charakterisierung des emotionalen Zustands die Veränderungen von Herzfrequenz, elektrischem Hautwiderstand, Hauttemperatur und Motorik bestimmte. Er fand heraus, dass die mimische Imitation einer Emotion jeweils ganz ähnliche Reaktionsmuster hervorruft wie die externe Provokation des Gefühls, und sah darin den Beweis für eine Rückkoppelung zwischen Gesichtsmuskulatur und Gemütszustand.

Dass es in der Tat die Stellung der Gesichtsmuskeln ist, die Emotionen zu beeinflussen vermag, und nicht lediglich die Vorstellung eines

Gefühls, zeigt eine Studie, in der die mimische Gefühlsäußerung pharmakologisch unterbunden wurde. Probanden wurden aufgefordert,
eine böse Miene aufzusetzen, während ihr Gehirn im Magnetresonanz-Tomographen gescannt wurde. Unter anderem kam es dabei zu
einer deutlichen Aktivierung des Mandelkerns. Der Versuch wurde
wiederholt, nachdem mittels einer Injektion von Botulinumtoxin der
Muskel, der die Stirn in ärgerliche Falten zieht, gelähmt worden war
und nicht mehr betätigt werden konnte. Tatsächlich fiel nun die Aktivierung des Mandelkerns deutlich geringer aus, als infolge der Mus-
kellähmung der gespielte Ärger mimisch nicht mehr zum Ausdruck
gebracht werden konnte.

Besuchern des Louvre ist nach diesen Erkenntnissen zu empfehlen,
der Mona Lisa mit dem gleichen Lächeln zu begegnen, das diese auf
den Lippen trägt. Sie gelangen damit leichter in das Fahrwasser der
heiteren seelischen Verfassung, die sich die Dame an der Wand über
fünf Jahrhunderte hinweg bewahrt hat.

Ist Mona Lisas Lächeln echt?

Paris, 19. Jahrhundert. Wir befinden uns im Ordinationszimmer einer
Praxis für Nerven- und Muskelerkrankungen am 21 Boulevard des
Italiens. Ein älterer Herr im feinen Zwirn mit kahlem Schädel, das
Kinn von einem imposanten Backenbart umrahmt, steht über einen
vor ihm sitzenden Greis gebeugt und bemüht sich, die Enden zweier
Drähte auf dessen faltigen Wangen zu platzieren. Von einer dritten
Person im Raum sind im Augenblick nur die Beinkleider zu sehen,
der Rest steckt unter einem schwarzen Tuch, zusammen mit dem Ge-
häuse einer Plattenkamera, mittels derer das Mienenspiel der Versuchsperson genau in dem Moment festgehalten werden soll, in dem
ihr ein Stromstoß durch die Kiefer gejagt wird.

Bei dem backenbärtigen Herrn handelt es sich um den Doktor der
Medizin Guillaume-Benjamin Duchenne. Er hat sich von dem bre-
tonischen Städtchen, in dem er eine Praxis betrieb, verabschiedet
und durchstreift seitdem, ausgerüstet mit einem portablen Elektrisier-
apparat, die Hospitäler der Metropole auf der Suche nach Patienten
mit muskulären und nervösen Leiden. Die Kollegen belächeln den

Mann aus der Provinz. Doch er lässt sich nicht beirren. Er fühlt sich berufen, Licht und Ordnung in das wenig verstandene und wissenschaftlich vernachlässigte Gebiet neuromuskulärer Erkrankungen zu bringen. Seine Standhaftigkeit wird belohnt werden: Die Nachwelt wird ihn dereinst als den Begründer der Lehre von den Nervenkrankheiten feiern, und sein Name wird in einer von ihm beschriebenen Form des Muskelschwundes, der »Duchenneschen Muskeldystrophie«, fortleben.

Ziel der Übung ist ausnahmsweise einmal nicht die Abklärung eines neurologischen Krankheitsbildes, sondern die Identifikation der Muskeln, mittels derer, wie es Duchenne gerne nennt, »die Seele Gymnastik betreibt«. Er ist von der Idee besessen, das muskuläre Programm, das sich hinter jeder der dreizehn von ihm ausgewählten emotionalen Ausdrucksformen des menschlichen Gesichtes verbirgt, zu entschlüsseln. Dies soll geschehen, indem die Kontraktion einzelner oder mehrerer Gesichtsmuskeln künstlich durch Elektrostimulation herbeigeführt, das mimische Ergebnis unter Nennung des jeweils stimulierten Muskels oder der Muskelgruppe fotografisch dokumentiert und dem passenden spontanen Gesichtsausdruck gegenübergestellt wird.

Als der elektrische Strom durch die Wangen des Greises schießt, beginnen seine Jochbeinmuskeln zu zucken, die Mundwinkel ziehen nach oben und die Lippen öffnen sich zu einem breiten, zahnlosen Grinsen. Es ergibt kein Bild aufrichtiger Freude, das sich da auf dem Gesicht des Alten abzeichnet. Die Miene wirkt wie zweigeteilt. Der Mund lacht, während die Augen eher erschreckt in die Kamera blicken. Der Muskel, der die Augen ringförmig umschließt und, indem er sich zusammenzieht, den Lidspalt verengt und Lachfältchen erzeugt, ist nicht in Aktion. In seinem 1862 veröffentlichten Werk *Der Mechanismus der menschlichen Physiognomie* kommt Duchenne deshalb zu der Schlussfolgerung:

> »Das Gefühl aufrichtiger Freude kommt auf dem Gesicht in der gemeinsamen Kontraktion des Musculus zygomaticus major [großer Jochbeinmuskel] und dem Musculus orbicularis [Augenringmuskel] zum Ausdruck. Ersterer unterliegt dem Willen, letzterer wird ausschließlich durch angenehme Seelenregungen ins Spiel gebracht. Vorgetäuschte Freude, falsches Lachen, können an letzterem keine Kontraktion auslösen. Der Augenringmuskel

wird unbewusst betätigt. Er tritt nur bei echten Gefühlen, bei freudiger Erregung, in Aktion. Seine Reaktionslosigkeit beim Lächeln verrät den falschen Freund.« (G.-B. Duchenne, *Mécanisme de la physionomie humaine,
ou analyse éléctro-physiologique de l'expression des passions*, Paris, Vve.
J. Renouard, Libraire 1862, S. 63.)

In Erinnerung an den Verfasser dieser Zeilen bezeichnen die Verhal-
tenspsychologen heute das unverstellte, echte Lachen, in dem nicht
nur der Mund, sondern auch die Augenpartie Freude signalisieren,
als das »Duchennesche Lachen«.

Wie steht es um Lisas Lächeln? Verbirgt sich hinter diesem eine
heitere Seele? Oder ist es nur künstlich aufgesetzt? Nach Duchennes
Kriterien muss es echt sein. Was nicht unbedingt heißt, dass sich die
Schöne vor einem halben Jahrtausend tatsächlich in solch freudiger
Verfassung dem Meister präsentiert hat. Vielleicht stellt ihr Lächeln
ja nur ein Ideal dar, das in da Vincis Phantasie existiert hat? Auch
ohne über Duchennes intime Kenntnisse zur Funktion der mimischen
Muskulatur zu verfügen, wusste er natürlich, wie man ein Lächeln so
lebendig auf Gesichter zaubert, dass es dem Betrachter wahrhaftig zu
sein scheint.

20. Auf der Suche nach dem Ich im Betrachter

Angenommen, genialen Ingenieuren ist die Konstruktion eines sprach-begabten Roboters gelungen. Ausgestattet mit einem Rechner im Kopf, der sämtliche neuronalen Prozesse simuliert, die nach dem ge-genwärtigen Stand der Wissenschaft im menschlichen Gehirn beim Sehen ablaufen. An seiner Front sitzt ein elektronisches Augenpaar, dessen Sensoren das gesamte Spektrum des sichtbaren Lichts erfas-sen und alles das einsammeln, was an Photonen aus dem Gesichts-feld auf sie einprasselt. Die Signale werden in Schaltkreise einge-speist, die sich darum bemühen herauszufinden, ob sich aus dem Chaos an elektrischen Impulsen etwas Sinnvolles extrahieren lässt. Sollte es ein Gesicht sein, auf das die Recherchen hinauslaufen, wird das globale Gedächtnis des *World Wide Web* angezapft, um heraus-zubekommen, wem es gehört und was zu der betreffenden Person bekannt ist. Der Rechner versteht sich nicht nur auf die Identifikation von Gesichtern, er hat auch gelernt, in Gesichtern zu lesen. Er ver-mag gute von bösen und traurige von heiteren Mienen zu unter-scheiden. Er weiß sogar, wie ein Lächeln aussieht und ob es nach den Duchenneschen Kriterien echt oder gekünstelt ist. Nehmen wir weiter an, dass der Roboter auf die Reise nach Paris geschickt wird, um der Mona Lisa im Louvre einen Besuch abzustatten. Nach seiner Rück-kehr wird er von Experten einem ausgiebigen Verhör unterzogen. Wie sich herausstellt, gibt es kein Fleckchen auf Leonardos Meister-werk, das er nicht bis ins kleinste Detail beschreiben könnte. Kein Strich, kein Farbton, kein Kontrast ist seiner Aufmerksamkeit ent-gangen. Nur eine Frage bringt ihn in Verlegenheit, nämlich die, ob ihm denn das Bild gefallen habe. Er muss die Antwort schuldig blei-ben. Die Ingenieure haben ihm keinen Chip eingebaut, der die Bilder vor seinen Augen mit Gefühlen einfärbt, der ihnen Erinnerungen an die Seite stellt, sie zu ihm sprechen und zum persönlichen Erlebnis werden lässt. Kurzum, sie haben versäumt, ihn mit dem auszustatten, was Philosophen »Ich«, »Selbst« oder »Bewusstsein« und die Poeten »Seele« nennen.

Das Versäumnis hat einen einfachen Grund. Die Wissenschaft hat bis heute keine eigentliche Vorstellung davon, wie Bewusstsein funk-tioniert. Sie weiß nicht einmal genau, wo im Kopf es entsteht. Zwar hat sie Regionen ausfindig gemacht, die beim Anblick von subjektiv schön empfundenen Dingen aufleuchten wie etwa die Insel, der Mandelkern, die Komponenten des Belohnungssystems oder Zekis Schönheitsfleck. Aber sind dies tatsächlich die Räume, in denen Kunst zum Erlebnis wird? Oder sind es nur die Vorzimmer?

Viele bezweifeln, dass die Wissenschaft dieses Rätsel jemals lösen wird. Ein geistiges Phänomen wie das subjektive Bewusstsein ist entsprechend ihrem Glauben mit Instrumenten, die zur Erforschung der materiellen Welt erdacht wurden, nicht dingfest zu machen. Andere, darunter der Mitentdecker der Alpha-Helix-Struktur der DNA und Nobellaureat Francis Crick, sehen die Sache nicht ganz so pessimistisch. Zusammen mit dem Neuroinformatiker Christof Koch verfasste Crick im Jahr 2003 ein Strategiepapier, in dem dargelegt wird, wie man sich der Frage nach der Natur des Bewusstseins und subjektiven Empfindens experimentell annähern könnte.

> »Der schwierigste Aspekt des Bewusstseins ist das sogenannte ›harte Problem‹ der Qualia – die Röte von Rot, das Schmerzhafte am Schmerz, und so weiter. Niemand hat bisher eine plausible Erklärung dafür geliefert, wie sich das Erleben der Röte von Rot aus den Aktionen des Gehirns ableitet. Das Problem direkt anzugehen, dürfte keinen Erfolg haben. Wir wollen stattdessen den Versuch machen, das neuronale Korrelat des Bewusstseins [Neural Correlate of Consciousness = NCC] herauszufinden, in der Hoffnung, dass die gründliche Erklärung des NCC einen Beitrag zur Lösung des Problems der Qualia leisten wird.«

Was in dem Papier als »Qualia« bezeichnet wird, meint die persönlich empfundenen Qualitäten von Wahrnehmungen wie etwa das Quale »Sympathisch« oder das Quale »Schön«. Qualia zählen zu den Inhalten höheren Bewusstseins. Da sie Dritten nicht unmittelbar zugänglich sind, gestaltet sich die Zuordnung neurophysiologischer Phänomene schwierig. Begnügt man sich jedoch mit dem Kriterium, ob ein Stimulus erkannt wird oder nicht, wird die Sache einfacher.

Studien, in denen Bilder, Zeichen, Schriften oder akustische Signale so dargeboten wurden, dass Versuchspersonen sie entweder nicht oder gerade noch erkennen konnten, haben gezeigt, dass im Gehirn beim Bewusstwerden von Wahrnehmungen ein hochkomplexer Prozess abläuft. In einer ersten Phase rollt, und zwar unabhängig davon, ob sich der auslösende Stimulus als bewusste Wahrnehmung durchsetzen wird oder nicht, wie zum Versuch eine seichte Welle elektrischer Aktivität über das Gehirn hinweg. Sie startet im Hinterhaupt und schwappt bis hinein in die Schläfen- und Scheitellappen. Ob es dem Stimulus gelingt, die Hürde zum Bewusstsein zu nehmen, entscheidet sich erst in einer zweiten etwa 200 bis 300 Millisekunden nach seiner Präsentation einsetzenden Phase. Dort, wo die Welle auf Resonanz stößt, erhebt sich ein Chor rhythmischer Entladungen, schwillt an, und weiter entfernte Regionen beginnen einzustimmen und phasensynchron zu feuern. Oszillieren schließlich Scheitel und Stirnhirn im Gleichtakt, so ist nach der Meinung der Hirnforscher der Punkt erreicht, an dem das Bewusstsein von der Information Besitz ergriffen hat.

Die Beobachtung, dass im Moment des Bewusstwerdens einer Wahrnehmung nicht eine einzelne, sondern eine Vielzahl von Strukturen im Gehirn lebendig werden, die sich, wie der Gleichtakt ihrer elektrischen Oszillationen anzeigt, alle in die gleiche Information teilen, fügt sich gut in ein Modell ein, das der niederländische Psychologe und Neurowissenschaftler Bernard Baars in seinem 1988 erschienenen Buch *A Cognitive Theory of Consciousness* zur Funktion des Bewusstseins vorgestellt hat. Demnach werden aktuell wichtige Informationen in einem Arbeitsspeicher verarbeitet, dessen Besonderheit darin besteht, dass er weiträumig mit vielen anderen, global über das Gehirn verteilten Netzwerken verbunden ist (das Ganze nennt sich *Global-Workspace-Theory*). Bewusstsein besteht dementsprechend in dem Gefühl des uneingeschränkten Zugangs zu einer Information. Es stellt sich ein, wenn alle Kontakte freigeschaltet sind.

Zur Illustration seiner Theorie zieht Baars eine alte Metapher für das Wirken des Geistes heran, das Theater. Was sich draußen in der Welt ereignet, wird drinnen im Kopf wie auf einer Bühne nachgestellt. Die Bühne stellt das Arbeitsgedächtnis dar. Der Scheinwerfer, der auf ihr mit seinem Licht eine Szene herausgreift, repräsentiert die Aufmerksamkeit. Hat der Scheinwerfer einen der Akteure ins Visier genommen, ruft dieser seine Botschaft in den dunklen Saal hinein. Im Publikum sitzen diejenigen, die der Botschaft Sinn und Inhalt verleihen, wie beispielsweise die Insel, der Mandelkern, der *Hippocampus*, der *präfrontale Cortex* und viele andere.

Die Veranstaltungen in diesem Theater finden unter striktem Ausschluss der Öffentlichkeit statt. Auch der Wissenschaft ist der Zutritt verwehrt. Aber sie hat ihr Ohr an der Tür und im Saal Spione sitzen, die aufmerksam jede Reaktion im Publikum verfolgen und ihr davon Mitteilung machen. Sollte sie eines fernen Tages tatsächlich dahintergekommen sein, was drinnen gespielt wird, kann sie das Experiment mit dem Roboter wiederholen. Sie wird ihm ein Bauteil mit dem Ich-Programm, das sie geschrieben hat, einsetzen und ihn wieder auf die Reise nach Paris schicken. Entringt sich dann seiner Sprachöffnung beim Anblick von Leonardos Meisterwerk ein spontanes »Oh, wie schön!«, ist das Experiment geglückt, und die Welt könnte die Entschlüsselung des Rätsels des Bewusstseins feiern.

Glossar

AKTIONSPOTENTIAL (AP) Die Zellmembran von Nervenzellen ist in Ruhe innen gegenüber außen negativ aufgeladen. Die sich daraus ergebende elektrische Spannung oder Potentialdifferenz wird das »Ruhe-Membranpotential« genannt. Es kann mit ultrafeinen Elektroden gemessen werden. Wird ein Neuron ausreichend stark gereizt, bricht das Ruhe-Membranpotential zusammen. Die Spannung verkehrt sich für wenige Millisekunden in ihr Gegenteil, bevor sie wieder zum Ruhepotential zurückkehrt. Der dabei in der Registrierung zu beobachtende nadelförmige, nach oben gerichtete Ausschlag wird als »Aktionspotential« bezeichnet. Aktionspotentiale pflanzen sich mit einer Geschwindigkeit von mehreren Metern pro Sekunde entlang der Nervenfasern fort. Je stärker eine Nervenzelle gereizt wird, umso mehr Aktionspotentiale pro Zeit feuert sie ab.

erhöhte
Reizintensität

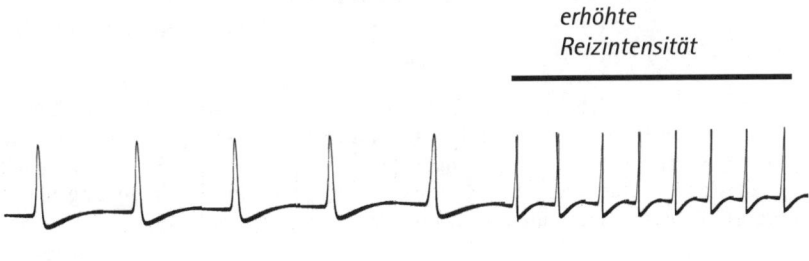

4 mSek

AMMONSHORN (HIPPOCAMPUS) Struktur in der Tiefe des Schläfenlappens, die sich mit der Verankerung langfristiger Gedächtnisinhalte befasst.

AMYGDALA (MANDELKERN) Kerngebiet in der Tiefe des Temporallappens mit Verknüpfungen zum →Hippocampus sowie zu den Kontrollzentren der Hormonsekretion und des vegetativen Nervensystems, fördert die Vertiefung emotional aufgeladener Gedächtnisinhalte.

AXON Als Axon oder Neurit wird der Fortsatz einer Nervenzelle (→Neuron) bezeichnet, der elektrische Nervenimpulse vom Zellkörper (Soma) weg zu anderen Nervenzellen leitet.

EEG (ELEKTROENZEPHALOGRAMM) Bei der Signalübertragung von einem Nerven auf den anderen Nerven kommt es infolge von Ladungsverschiebungen zur Ausbildung eines elektrischen Feldes. Die Potentialschwankungen, die mittels auf der Kopfhaut angebrachter Elektroden im Elektroenzephalogramm (EEG) aufgezeichnet werden, sind die Summe der elektrischen Aktivitäten von Millionen kortikaler Neuronen. In der Registrierung eines solchen Elektroenzephalogramms (EEG) erkennt man, dass die elektrischen Felder je nach Aktivitätszustand des Gehirns zwischen weniger als dreimal pro Sekunde (delta-) über 4–7 (theta-), 8–12 (alpha-), 15–25 (beta-) und 30–100 pro Sekunde (gamma-Rhythmus) oszillieren. Die Präzision der Zuordnung von Potentialschwankungen zu bestimmten Hirnregionen nimmt mit der Nähe der Ableitung zum fraglichen Areal zu. Eine deutliche Verbesserung des Auflösungsvermögens lässt sich bereits erzielen, indem die Elektroden unmittelbar unter der Schädeldecke auf die Hirnoberfläche aufgesetzt werden (Elektro-Kortikogramm, ECG). Eine noch genauere topographische Eingrenzung ermöglichen Elektroden, die bis in die Rinde vorgeschoben werden. Das →lokale Feldpotential (LFP), das sie messen, umfasst die neuronale Aktivität im Umkreis von bis zu drei Millimetern. Ist die Spitze sehr fein, kann der Radius des Einzugsgebietes weniger als ein Drittel Millimeter betragen. →Oszillationen im LFP deuten darauf hin, dass sich eine größere Zahl von Neuronen zu einem Ensemble zusammengeschlossen hat, das seine →Aktionspotentiale im gleichen Takt (phasensynchron) abfeuert.

ELEKTRODEN Elektroden sind elektrische Leiter, die beispielsweise beim EEG zur Erfassung von Hirnströmen zum Einsatz kommen. Die Neurophysiologen verwenden haarfein ausgezogene Glaskapillaren oder Metalldrähte, die in Nervenzellen eingestochen, auf ihrer Oberfläche angebracht oder in der Umgebung platziert werden, um die neuronale elektrische Aktivität zu messen.

FMRI (FUNKTIONELLES MAGNETRESONANZ-IMAGING) Die funktionelle Magnetresonanz-Tomographie (= Schnittbilddarstellung), auch funktionelles Magnetresonanz-Imaging (= bildliche Darstellung) oder funktionelle →Kernspin(NMR)-Tomographie genannt, misst die mit dem Energiebedarf von Nervengewebe variierende Durchblutung von Hirnregionen. Ähnlich, wie gesteigerte Muskelarbeit über Stoffwechselprodukte für eine verstärkte Durchblutung des Muskelgewebes sorgt, nimmt die Durchblutung im Gehirn an Orten erhöhter neuronaler Aktivität zu. Die Grundlage für die fMRI ist der BOLD (**B**lood **O**xygenation **L**evel-**D**ependent Contrast) Effekt, der die unterschiedlichen magnetischen Eigenschaften von sauerstoffreichem (Oxyhämoglobin) und sauerstoffarmem (Desoxyhämoglobin) Blut zur Signaldetektion nutzt. Oxyhämoglobin hat keinen Einfluss auf die magnetischen Eigenschaften des umgebenden Gewebes, Desoxyhämoglobin führt infolge seiner paramagnetischen Eigenschaften zu darstellbaren Magnetfeldveränderungen. Die Bezeichnung »Magnetresonanz« beschreibt den physikalischen Vorgang, der dem Verfahren zugrunde liegt. Ein statisches Magnetfeld zwingt im Gehirn Atomkerne, die sich wie Kreisel um die eigene Achse drehen (→Kernspin) und dadurch ähnlich wie ein Stabmagnet einen positiven und einen negativen Pol aufweisen, dazu, sich parallel zu diesen Polen auszurichten. Ein zweites, im Gegensatz zu dem ersten nicht statisches, sondern mit hoher Frequenz oszillierendes Magnetfeld versetzt den rotierenden »Stabmagneten« magnetische Stöße, so dass ihre Rotationsachsen aus der Richtung des statischen Feldes kippen und zusätzlich zur Eigenrotation um die Kraftlinien des statischen Feldes zu kreiseln beginnen. Diese als »Präzession« bezeichnete Kreiselbewegung erzeugt elektromagnetische Wellen, die wie ein Funksignal aufgefangen und registriert werden können (→Magnetresonanz). Die Absender der kernmagnetischen Resonanz sind in erster Linie Wasserstoffatome, da Wassermoleküle im Gehirn ähnlich wie im übrigen Organismus so zahlreich vorhanden sind wie keine anderen. Die Dipole beginnen sich mit ihren Achsen nach Abschalten des oszillierenden Feldes entlang der Kraftlinien des statischen Feldes wieder aufzurichten. Die Zeit, die sie dafür benötigen, hängt unter anderem von der Homogenität dieses Feldes ab. Wasserstoffkerne, die in der Auslaufphase durch ein in unmittelbarer Nähe befindliches lokales Magnetfeld, z.B. das des paramagnetischen Desoxyhämoglobins, gestört werden, beenden die Präzession früher als solche, die sozusagen ungestört austrudeln können. Das Auflösungsvermögen des MRI liegt bei etwa einem Kubikmillimeter Hirngewebe.

FOVEA Als Fovea (centralis) wird eine auf der Netzhaut gelegene Einsenkung von etwa 1,5 mm Durchmesser bezeichnet, die ausschließlich Zapfen enthält und der Stelle des schärfsten Sehens entspricht.

FOTOREZEPTOREN Die auf Licht spezialisierten Sinneszellen der Netzhaut, also Zapfen und Stäbchen, werden unter dem Begriff »Fotorezeptoren« zusammengefasst. Mit Hilfe des Sehfarbstoffes setzen sie die Energie der auf sie eintreffenden Photonen in elektrische Signale um.

FRONTALLAPPEN Der beim Menschen größte der vier Großhirnlappen (Frontal-, Parietal-, Temporal- und Occipitallappen) liegt hinter der Stirn und wird deshalb auch »Stirnlappen« oder »Stirnhirn« genannt. Zeichen einer Schädigung sind

Einschränkungen der Aufmerksamkeit, Verlust des Kurzzeitgedächtnisses, mangelnde Selbstkontrolle, die Unfähigkeit, zu planen und Entscheidungen zu treffen, Antriebslosigkeit.

FRONTALES AUGENFELD (FEF) Rindenareal auf dem Stirnhirn, das die Bewegung der Augenmuskulatur steuert.

FUSIFORMES GESICHTSAREAL (FFA) Etwa 1- bis 2-Cent-Stück großes Rindenareal auf der fusiformen Hirnwindung im unteren Teil des Temporallappens, in dem die Verarbeitung von Gesichtern erfolgt.

GANGLIENZELLEN Knotenartig (von griechisch *γαγγλιον*) aufgetriebene Zellen in der Netzhaut, die die von den Photorezeptoren aufgenommenen und in Kontraste umgesetzten optischen Signale über ihre Fortsätze im Sehnerven auf den →Thalamus übertragen.

GROSSHIRN Der Teil des Zentralnervensystems, der sich zwischen Schädeldach und Schädelbasis befindet. Das Großhirn oder Cerebrum teilt sich in zwei identische Hemisphären, die sich aus der Hirnrinde (→Cortex), graue Substanz, und dem Mark, weiße Substanz, zusammensetzen. Anatomisch werden vier Abschnitte unterschieden: Stirn- oder →Frontallappen, Scheitel- oder →Parietallappen, Schläfen- oder →Temporallappen und Hinterhaupts- oder →Occipitallappen.

GYRUS Hirnwindung.

HIPPOCAMPUS (AMMONSHORN) Struktur in der Tiefe des Schläfenlappens, die sich mit der dauerhaften Verankerung von Gedächtnisinhalten befasst.

HIRNRINDE (CORTEX) Die beiden Hemisphären des Großhirns umgibt wie die Rinde den Baum ein 2–3 mm dicker, sechsschichtiger Filz aus Nervenzellen, der Cortex. Um die in ihm enthaltenen etwa 20 Milliarden Nervenzellen alle unterzubringen, ist er gefaltet. Die sich bis tief ins Mark hineinziehenden Gräben werden als »Sulci« bezeichnet, die Windungen als »Gyri«. Besonders tief einschneidende Sulci teilen das Großhirn in Hinterhaupts-, Parietal-, Schläfen- und Stirnlappen auf. Das sich im Hirnschnitt vom grauen Saum des Cortex hell absetzende Mark besteht aus Nervenbahnen, die die Rindenareale sowohl untereinander verbinden wie auch in die Tiefe ziehen und den Kontakt zu Konglomeraten von Nervenzellen in der Tiefe, sogenannten »→Kerngebieten« wie etwa dem →Mandelkern, und dem Rückenmark herstellen.

KERNGEBIET Als Kerngebiete bezeichnet man nicht-kortikale Neuronenverbände innerhalb des Gehirns, die sich infolge der Ansammlung von dunklen Zellkernen deutlich vom weißen Mark abheben, wie etwa die →Amygdala und die Basalganglien.

MANDELKERN (AMYGDALA) Kerngebiet in der Tiefe des →Temporallappens mit Verknüpfungen zum →Hippocampus sowie zu den Kontrollzentren der Hormonsekretion und des vegetativen Nervensystems, fördert die Vertiefung emotional aufgeladener Gedächtnisinhalte.

NEURON Eine Nervenzelle bzw. ein Neuron besteht aus dem Zellkörper, einem →Axon (Neurit) und zahlreichen →Dendriten (den Verbindungen zu anderen Zellen). Die Entgegennahme der Information von anderen Neuronen erfolgt an den Dendriten und dem Zellleib (Signal-Eingang). Die Zahl der zuführenden Verbindungen eines Neurons von anderen Neuronen wird auf 5000 bis 10000 geschätzt. Überschreitet die Summe der Eingangssignale einen bestimmten Schwellenwert, gerät das Neuron in elektrische Erregung und beginnt →Aktionspotentiale abzufeuern. Die Verbreitung dieser eigenen Botschaft erfolgt über das →Axon (Signal-Ausgang), welches über seine Aufzweigungen wiederum mehrere andere Neuronen kontaktiert.

NEURONALES NETZ Ein neuronales Netz besteht aus dem Zusammenschluss mehrerer miteinander korrespondierender →Neuronen.

NMR →fMRI.

NEUROTRANSMITTER Botenstoffe, die der Übertragung von Signalen von einem Neuron auf das andere dienen. →Synapse.

OCCIPITALLAPPEN Im Occipital- oder Hinterhauptslappen befinden sich die ersten Stationen der Verarbeitung visueller Wahrnehmungen, nämlich die primäre (primärer visueller Cortex, V1, Area striata) und sekundäre Sehrinde (secundärer visueller Cortex, V2).

PARIETALLAPPEN Der Parietal- oder Scheitellappen liegt zwischen dem Frontal- und dem Occipitallappen. Auf ihm werden Sinneswahrnehmungen wie Druck-, Tast- oder Schmerzreize verarbeitet, erfolgt die visuelle Steuerung von Bewegungen im betrachterbezogenen Raum und findet das räumliche Denken statt.

PHOTONEN Photonen sind Energiepakete in Form elektromagnetischer Wellen. Wellenlängen zwischen 400 und 750 nm sind für das Auge erkennbar. Das Farbensehen beruht darauf, dass die Empfindlichkeitsmaxima der Photorezeptoren der Netzhaut innerhalb des Wellenlängen-Spektrums sichtbaren Lichts unterschiedlich positioniert sind. Die Farben der Maler unterscheiden sich in ihrer Eigenschaft, Licht bestimmter Wellenlänge zu absorbieren beziehungsweise zu reflektieren.

PRÄFRONTALER CORTEX (PFC) Als »präfrontaler Cortex« wird ein Rindenareal bezeichnet, welches den vorderen, hinter der Stirn gelegenen Teil des →Frontallappens einnimmt. Man unterscheidet einen unmittelbar über der Augenhöhle

(Orbita) befindlichen supraorbitalen von einem seitlichen (lateral) und einem inneren (medialen) Abschnitt. Ausfälle führen u. a. zu Gedächtnisstörungen, der Unfähigkeit, zu planen und Entscheidungen zu fällen, abnormem Sozialverhalten.

RETINA (NETZHAUT) Das sechsschichtige Nervengewebe, das den Augenhintergrund auskleidet.

REZEPTIVES FELD Als »rezeptives Feld« wird dasjenige von Sinneszellen eingenommene Areal bezeichnet, aus dem eine Nervenzelle ihre Information bezieht. Im Falle der Netzhaut münden die Signale von etwa 120 Millionen Fotozellen an einer Million →Ganglienzellen. Die Informationen, die die Ganglienzellen empfangen, beziehen sich auf Kontraste. Dies wird durch die Aufteilung ihres jeweiligen rezeptiven Feldes in Zentrum und Umfeld und deren antagonistische (d. h. gegensinnige) Verschaltung auf einer Zwischenstation ermöglicht.

SULCUS Graben oder Furche zwischen zwei Hirnwindungen (Plural: Sulci).

SYNAPSE Unter einer Synapse versteht man die Kontaktstelle zwischen Nervenendigung und Zielzelle. Die Zellmembran der Nervenendigung wird an dieser Stelle als »präsynaptische Membran«, die der darunterliegenden Zielzelle als »postsynaptische Membran« bezeichnet. Dazwischen befindet sich ein feiner Spalt, der sog. »synaptische Spalt«. Die Übertragung der nervösen Information auf die Zielzelle erfolgt über →Neurotransmitter genannte Botenstoffe. Sie werden aus der Nervenendigung in den synaptischen Spalt freigesetzt und binden sich an für sie spezifische →Rezeptoren auf der postsynaptischen Membran. Solche Botenstoffe sind beispielsweise Dopamin, Acetylcholin oder Gamma-Aminobuttersäure (GABA).

TEMPORALLAPPEN Die jeweils dicht hinter den Schläfen gelegenen Temporallappen (*tempus* = die Schläfe) oder Schläfenlappen enthalten wichtige Zentren für das Hören, Sehen und Erinnern. Im unteren Anteil finden sich spezifische Rindenareale wie etwa das fusiforme Gesichtsareal (FFA), die der Objekterkennung dienen. In seinem der Hirnmitte zugewandten (medialen) Anteil liegen der Hippocampus, die Schaltzentrale des Langzeitgedächtnisses, sowie der Mandelkern (Amygdala), der emotionale Zustände in hormonelle und nervöse Reaktionen umsetzt und Teil des emotionalen Gedächtnisses darstellt.

THALAMUS Der Thalamus ist eine etwa taubeneigroße, paarig angelegte Ansammlung von Nervenzellen seitlich der dritten Hirnkammer. Er selektiert und verteilt die Information der Sinnesorgane mit Ausnahme der des Geruchssinns auf die Großhirnrinde (→Cortex).

Literaturhinweise

2. Verkehrte Welt

E. Goercke: Christoph Scheiners Versuche mit der »camera obscura«. http://www.ingolstadt.de/stadtmuseum/scheuerer/ausstell/schein07.

3. Auf der Schwelle zum Gehirn

A. Roorda / D.R. Williams: The arrangement of the three cone classes in the living human eye. Nature 397 (1999) S. 520–522.

Die Netzhaut ist wie eine Torte aufgebaut

S. R. y Cajal: Recollection of my life. MIT Press: Cambridge/Massachusetts 1989.
– / R. Greeff: Die Retina der Wirbelthiere: Untersuchungen mit der Golgicajal'schen Chromsilbermethode und der ehrlich'schen Methylenblaufärbung. Bergmann: Wiesbaden 1894.

4. Aus Licht wird Strom
Experiment unter römischem Himmel

F. Boll: Zur Anatomie und Physiologie der Retina. Aus dem Laboratorium für vergleichende Anatomie und Physiologie zu Rom, Achte Mittheilung. Archiv für Anatomie und Physiologie, Physiologische Abtheilung: 4–35 (MPIWG Berlin 1877: Ernst Mach Collection of Offprints).
W. Kühne: Photochemie der Netzhaut. Sitzung des Naturhistorisch-Medizinischen Vereins zu Heidelberg. Carl Winter's Universitätsbuchhandlung: Heidelberg 1877.

Warum mit Zapfen die Welt bunt erscheint

H. Kolb: How the retina works. American Scientist 91 (2003) S. 28–35.
A. Terakita: The opsins. Genome Biology 6 (2005) S. 213.1–213.9.

5. Der Rechner im Auge
Von Zwergen und Sonnenschirmen

U. J. Mc Mahan / B. S. Katz: Remembrances of Stephen W. Kuffler. Sunderland: Massachusetts 1990.
B. S. Katz: The History of Neuroscience in Autobiography. Ed. L. R. Squire. Society for Neuroscience 1996.
S. W. Kuffler: Discharge patterns and functional organization of mammalian retina. Journal of Neurophysiology 16 (1953) S. 37–68.

D. M. Dacey: Parallel pathways for spectral coding in primare retina. Annual Review of Neuroscience 23 (2000) S. 743–775.

G. D. Field / E. J. Chichilnisky: Information processing in the primate retina: circuitry and coding. Annual Review of Neuroscience 30 (2007) S. 1–30.

V. Balasubramanian / P. Sterling: Receptive fields and functional architecture in the retina. Journal of Physiology 587 (2009) S. 2753–2767.

J. D. Crook / C. M. Davenport / B. B. Peterson / O. S. Packer / P. B. Detwiler / D. M. Dacey: Parallel ON and OFF cone bipolar inputs establish spatially coextensive receptive field structure of blue-yellow ganglion cells in primate retina. Journal of Neuroscience 29 (2009) S. 8372–8387.

6. Über die Opticuskreuzung zum seitlichen Kniehöcker
Checkpoint Thalamus

H. J. Alitto / W. M. Usrey: Corticothalamic feedback and sensory processing. Current Opinion in Neurobiology 13 (2003) S. 1–6.

F. Briggs / W. M. Usrey: Emerging views of corticothalamic function. Current Opinion in Neurobiology 18 (2008) S. 403–407.

7. Ankunft auf der Sehrinde

B. A. Wandell / S. O. Dumoulin / A. A. Brewer: Visual field maps in human cortex. Neuron 58 (2007) S. 366–383.

8. Vom Punkt zur Linie zur Form
Von der Linie zur Form

D. H. Hubel / T. N. Wiesel: Receptive fields, binocular interaction and functional architecture in the cat's visual cortex. Journal of Physiology 160 (1962) S. 106–154.

–: Receptive fields and functional architecture of monkey striate cortex. Journal of Physiology 195 (1968) S. 215–243.

–: The Ferrier Lecture: functional architecture of macaque monkey visual cortex. Proceedings of the Royal Society of London 198 (1977) S. 1–59.

A. Pasupathy / C. E. Connor: Responses to contour features in Macaque area V4. Journal of Neurophysiology 82 (1999) S. 2490–2502.

M. Ito / H. Komatsu: Representation of angles embedded into contour stimuli in area V2 of Macaque monkeys. Journal of Neuroscience 24 (2004) S. 3313–3324.

J. M. Yau / A. Pasupathy / S. L. Brincat / C. E. Connor: Curvature processing dynamics in Macaque area V4. Cerebral Cortex 23 (2013) S. 198–209.

9. Blobs

D. H. Hubel / M. S. Livingstone: Segregation of form, color, and stereopsis in primate area 18. Journal of Neuroscience 7 (1987) S. 3378–3415.

B. R. Conway / D. H. Hubel / M. S. Livingstone: Color contrast in macaque V1. Cerebral Cortex 12(9) (2002) S. 915–925.

10. Was ist wo?

M. Mishkin / L. G. Ungerleider / K. A. Macko: Object vision and spatial vision: two cortical pathways. Trends in Neurosciences 6 (1983) S. 414–417.

F. Newcombe / G. Ratcliff / H. Damásio: Dissociable visual and spatial impairments following right posterior cerebral lesions: clinical, neuropsychological and anatomical evidence. Neuropsychologia 25 (1987) S. 149–161.

L. G. Ungerleider / J. V. Haxby: ›What‹ and ›where‹ in the human brain. Current Opinion in Neurobiology 4 (2) (1994) S. 157–165.

11. Von der Form zum Objekt
Wink aus der Rauschgiftszene

H. Klüver / P. C. Bucy: An analysis of certain effects of bilateral temporal lobectomy in the rhesus monkey, with special reference to »psychic blindness«. Journal of Psychology 5 (1938) S. 33–54.

J. V. Haxby / M. I. Gobbini / M. L. Furey / A. Ishai / J. L. Schouten / P. Pietrini: Distributed and overlapping representations of faces and objects in ventral temporal cortex. Science 293 (2001) S. 2425–2430.

M. Spiridon / B. Fischl / N. Kanwisher: Location and spatial profile of category-specific regions in human extrastriate cortex. Human Brain Mapping 27 (2006) S. 77–89.

Tanakas Flasche

C. G. Gross / C. E. Rocha-Miranda / D. B. Bender: Visual properties of neurons in inferotemporal cortex of the Macaque. Journal of Neurophysiology 35 (1972) S. 96–111.

K. Tanaka: Inferotemporal cortex and object vision. Annual Review of Neuroscience 19 (1996) S. 109–139.

J. Hegdé / D. C. van Essen: A comparative study of shape representation in macaque visual areas V2 and V4. Cerebral Cortex 17 (2007) S. 1100–1116.

C. E. Connor / S. L. Brincat / A. Pasupathy: Transformation of shape information in the ventral pathway. Current Opinion in Neurobiology 17 (2007) S. 140–147.

D. B. McMahon / C. R. Olson: Linearly additive shape and color signals in monkey inferotemporal cortex. Journal of Neurophysiology 101 (2009) S. 1867–1875.

12. Ein Gesicht! Ein Gesicht!
Die zerebralen Sehhilfen zur Gesichtserkennung

J. Bodamer: Die Prosop-Agnosie [Prosopagnosia]. Archiv für Psychiatrie und Nervenkrankheiten 179 (1947) S. 6–53.

T. Allison / H. Ginter / G. McCarthy / A. C. Nobre / A. Puce / M. Luby / D. D. Spencer: Face recognition in human extrastriate cortex. Journal of Neurophysiology 71 (1994) S. 821–825.

J. V. Haxby / B. Horwitz / L. G. Ungerleider / J. M. Maisog / P. Pietrini / C. L. Grady: The functional organization of human extrastriate cortex: a PET-rCBF study of selective attention to faces and locations. Journal of Neuroscience 14 (1994) S. 6336–6353.

N. Kanwisher / J. McDermott / M. Chun: The fusiform face area: a module in human extrastriate cortex specialized for face perception. Journal of Neuroscience 17 (1997) S. 4302–4311.

Die Zelle, die Gesichter mit einer Bürste verwechselte

C. G. Gross / C. E. Rocha-Miranda / D. B. Bender: Visual properties of neurons in inferotemporal cortex of the macaque. Journal of Neurophysiology 35 (1972) S. 96–111.

R. Desimone / T. D. Albright / C. G. Gross / C. Bruce: Stimulus–selective properties of inferior temporal neurons in the Macaque. Journal of Neuroscience 4 (1984) S. 2061–2082.

Gibt es eine Mona–Lisa–Zelle?

C. G. Gross: Genealogy of the »Grandmother Cell«. The Neuroscientist 8 (2002) S. 512–518.

M. P. Young / S. Yamane: Sparse population coding of faces in the inferotemporal cortex. Science 256 (1992) S. 1327–1331.

13. Gleiche Welle, gleiches Motiv
Oszillationen

Lernen, wie der Geist funktioniert. Der Spiegel 11 (1992) S. 238–254.

W. Singer / H. Horeis: Interview. Wie macht sich das Gehirn ein Bild von der Welt? Der Frankfurter Hirnforscher Wolf Singer hat darauf eine Antwort. Bild der Wissenschaft 3 (2003) S. 28–32.

Einstimmigkeit findet Gehör

P. M. Milner: A model of shape recognition. Psych. Rev. 81 (1974) S. 521–535.

C. von der Malsburg: The correlation theory of brain function. Internal Report. Max-Planck-Institute of Biophysical Chemistry. Göttingen 1981.

C. M. Gray / W. Singer: Stimulus-specific neuronal oscillations in orientation columns of cat visual cortex. Proceedings of the National Academy of Sciences, USA, 86 (1989) S. 1698–1702.

A. K. Engel / W. Singer: Neuronale Grundlagen der Gestaltwahrnehmung. Spektrum der Wissenschaft 4 (1997) S. 66–73.

P. Fries: Neuronal gamma-band synchronization as a fundamental process in cortical computation. Annual Review of Neuroscience 32 (2009) S. 209–224.

G. Buzsáki / C. A. Anastassiou / C. Koch: The origin of extracellular fields and currents – EEG, ECoG, LFP and spikes. Nature Reviews Neuroscience 13 (2012) S. 408–420.

14. Ein Porträt entsteht

Eyetracking Mona Lisa: http://www.youtube.com/watch?v=e5Sa3H8QN6c
Eyetracking technique: http://www.youtube.com/watch?v=VN7gVg7EWug

Picasso am Abgrund

D. Y. Tsao / W. A. Freiwald / T. A. Knutsen / J. B. Mandeville / R. B. Tootell: A cortical region consisting entirely of face-selective cells. Nature Neuroscience 6 (2003) S. 989–995.

A. Katsnelson: Doris Tsao: A real visionary. The Scientist 22 (2008) S. 62.

S. Moeller / W. A. Freiwald / D. Y. Tsao: Patches with links: a unified system for processing faces in the Macaque temporal lobe. Science 320 (2008) S. 1355–1359.

W. A. Freiwald / D. Y. Tsao / Margaret S. Livingstone: A face feature space in the macaque temporal lobe. Nature Neuroscience 12 (2009) S. 1187–1208.

L. S. Glezer / X. Jiang / M. Riesenhuber: Evidence for highly selective neuronal tuning to whole words in the visual word forming area. Neuron 62 (2009) S. 199–204.

W. A. Freiwald / D. Y. Tsao: Functional compartmentalization and viewpoint generalization within the Macaque face-processing system. Science 330 (2010) S. 845–851.

S. Ohayon / W. A. Freiwald / D. Y. Tsao: What makes a cell face selective? The importance of contrast. Neuron 74 (2012) S. 567–581.

Gesichter sind Karikaturen eines Normgesichts

G. Rhodes / S. Brennan / S. Carey: Identification and ratings of caricatures: implications for mental representations of faces. Cognitive Psychology 19 (1987) S. 473–497.

G. Rhodes: Superportraits: Caricatures and recognition. Hove: The Psychology Press 1996.

D. A. Leopold / A. J. O'Toole / T. Vetter / V. Blanz: Prototypereferenced shape encoding revealed by high-level aftereffects. Nature Neuroscience 4 (2001) S. 89–94.

D. A. Leopold / I. V. Bondar / M. A. Giese: Norm-based face encoding by single neurons in the monkey inferotemporal cortex. Nature 442 (2006) S. 572–575.

G. Rhodes / L. Jeffery: Adaptive norm-based coding of facialidentity. Vision Research 46 (2006) S. 2977–2987.

Blond oder braun? Alt oder jung?

C. Cavina-Pratesi / R. W. Kentridge / C. A. Heywood / A. D. Milner: (2010) Separate channels for processing form, texture, and color: Evidence from fMRI adaptation and visual object agnosia. Cerebral Cortex 20 (2010) S. 2319–2332.

15. Das innere Auge
Aufmerksamkeit ist ein Signalverstärker

H. von Helmholtz: Handbuch der Physiologischen Optik. Leopold Voss: Leipzig 1894.
J. Moran / R. Desimone: Selective attention gates visual processing in the extrastriate cortex. Science 229 (1985) S. 782–784.
E. Wojciulik / N. Kanwisher / J. Driver: Covert visual attention modulates face-specific activity in the human fusiform gyrus: fMRI study. Journal of Neurophysiology 79 (1998) S. 1574–1578.
S. Kastner / M. A. Pinsk / P. de Weerd / R. Desimone / L. Ungerleider: Increased activity in human visual cortex during directed attention in the absence of visual stimulation. Neuron 22 (1999) S. 751–761.

Das neuronale Netz der Aufmerksamkeit

R. Balint: Seelenlähmung des »Schauens«, optische Ataxie, räumliche Störung der Aufmerksamkeit. Monatsschrift für Psychiatrie und Neurologie 25 (1909) S. 51–81.
S. Kastner / M. A. Pinsk / P. de Weerd / R. Desimone / L. G. Ungerleider: Increased activity in human visual cortex during directed attention in the absence of visual stimulation. Neuron 22 (1999) S. 751–761.
J. W. Bisley: The neural basis of visual attention. Journal of Physiology 589 (2011) S. 49–57.

Egozentrische Karten weisen der Aufmerksamkeit den Weg

C. Koch / S. Ullman: Shifts in selective visual attention: towards the underlying neural circuitry. Human Neurobiology 4 (1985) S. 219–224.
J. W. Bisley / M. E. Goldberg: Attention, intention, and priority in the parietal lobe. Annual Review of Neuroscience 33 (2010) S. 1–21.
R. Ptak: The frontoparietal attention network of the human brain: action, saliency, and a priority map of the environment. Neuroscientist 18 (2012) S. 502–515.

Blick nach drinnen, Blick nach draußen

D. Ferrier: The localization of function in the brain. Proceedings of the Royal Society of London 22 (1874) S. 229–232.
C. J. Bruce / M. E. Goldberg: Primate frontal eye fields I: single neurons discharging before saccades. Journal of Neurophysiology 53 (1985) S. 603–635.

K. M. Armstrong / J. K. Fitzgerald / T. Moore: Changes in visual receptive fields with microstimulation of frontal cortex. Neuron 50 (2006) S. 791–796.

C. C Ruff / F. Blankenburg / O. Bioertomt / S. Bestmann / E. Freeman / J. D. Haynes / G. Rees / O. Josephs / R. Deichmann / J. Driver: Concurrent TMS-FMRI and psychophysics reveal frontal influences on human retinotopic visual cortex. Current Biol 16 (2006) S. 1479–1488.

G. G. Gregoriou / S. J. Gotts / H. Zhou / R. Desimone: High-frequency, long-range coupling between visual and prefrontal cortex during attention. Science 324 (2009) S. 1207–1210.

Wohin blickt das innere Auge?

A. R. Luria: Frontal lobe syndromes. In: P. J. Vinken / G. W. Bruyn (Hrsg.): Handbook of clinical neurology. Elsevier: New York 1969. S. 725–757.

K. Sakai / Y. Miyashita: Visual imagery: An interaction between memory retrieval and focal attention. Trends Neurosci 17 (1994) S. 287–289.

A. Ishai / D. Sagi: Common mechanisms of visual imagery and perception. Science 268 (1995) S. 1772–1774.

A. Ishai / L. G. Ungerleider / J. V. Haxby: Distributed neural systems for the generation of visual images. Neuron 28 (2000) S. 979–990.

E. K. Miller / J. D. Cohen: An integrative theory of prefrontal cortex function. Annual Review of Neuroscience 24 (2001) S. 167–202.

A. F. Rossi / L. Pessoa / R. Desimone / L. G. Ungerleider: The prefrontal cortex and the executive control of attention. Experimental Brain Research 192 (2009) S. 489–497.

L. Reddy / N. Tsuchiya / T. Serre: Reading the mind's eye: Decoding category information during mental imagery. Neuroimage 50 (2010) S. 818–825.

Wie Bilder festgehalten werden

J. M. Fuster / G. E. Alexander: Neuron activity related to short-term memory. Science 173 (1971) S. 652–654.

C. Tallon-Baudry / O. Bertrand / F. Peronnet / J. Pernier: Induced gamma-band activity during the delay of a visual short-term memory task in humans. Journal of Neuroscience 18 (1998) S. 4244–4254.

E. C. Curtis / M. D'Esposito: Persistent activity in the prefrontal cortex during working memory. Trends in Cognitive Sciences 7 (2003) S. 415–423.

J. M. Fuster: Cortex and memory: emergence of a new paradigm. Journal of Cognitive Neuroscience 21 (2009) S. 2047–2072.

M. Siegel / M. R. Warden / E. K. Miller: Phase-dependent neuronal coding of objects in shortterm memory. Proceedings of the National Academy of Sciences 106 (2009) S. 21341–21346.

Mona Lisa wird erkannt

L. Chelazzi / E. K. Miller / J. Duncan / R. Desimone: A neural basis for visual search in inferior temporal cortex. Nature 363 (1993) S. 345–347.

R. Desimone: Neural mechanisms for visual memory and their role in attention. Proceedings of the National Academy of Sciences 93 (1996) S. 13494–13499.

E. Rodriguez / N. George / J. P. Lachaux / J. Martinerie / B. Renault / F. J. Varela: Perception's shadow: long-distance synchronization of human brain activity. Nature 397 (1999) S. 430–433.

16. Im Bildarchiv
Der Fall H. M.

W. B. Scoville: The limbic lobe in man. Journal of Neurosurgery 11 (1954) S. 64–66.

W. B. Scoville / B. Milner: Loss of recent memory after bilateral hippocampal lesions. Journal of Neurology, Neurosurgery, and Psychiatry 20 (1957) S. 11–21.

Der Repetitor im Ammonshorn

http://thebrainobservatory.ucsd.edu/hm

L. R. Squire / J. T. Wixted: The cognitive neuroscience of human memory since H. M. Annual Review of Neuroscience 34 (2011) S. 259–288.

Schlafwandlungen

J. O'Keefe / J. Dostrovsy: The hippocampus as a spatial map. Brain Research 34 (1971) S. 171–175.

M. A. Wilson / B. L. McNaughton: Reactivation of hippocampal ensemble memories during sleep. Science 265 (1994) S. 676–679.

C. N. Bird / N. Burgess: The hippocampus and memory: insights from spatial processing. Nature Reviews Neuroscience 9 (2008) S. 182–194.

J. Fell / N. Axmacher: The role of phase synchronization in memory processes. Nature Reviews Neuroscience 12 (2011) S. 105–118.

J. Born / I. Wilhelm: System consolidation of memory during sleep. Psychological Research 76 (2012) S. 192–203.

Wo liegt der Langzeitspeicher?

W. Penfield / P. Perot: The brains record of auditory and visual Experience. Brain 86 (1963) S. 595–696.

O. Sacks: The case of the colorblind painter. In: An andropologist on Mars, S. 3–41. Random House: New York 1995.

J. F. Danker / J. R. Anderson: The ghosts of brain states past: remembering reactivates the brain regions engaged during encoding. Psychological Bulletin 136 (2010) S. 87–102.

R. L. Buckner / M. E. Wheeler: The cognitive neuroscience of remembering. Nature Reviews Neuroscience 2 (2001) S. 624–634.

J. J. S. Barton / M. Cherkasova: Face imagery and its relation to perception and covert recognition in prosopagnosia. Neurology 61 (2003) S. 220–225.

Augenblicke hinterlassen Spuren

D. O. Hebb: The Organization of Behavior: A neuropsychological theory. Wiley: New York 1949.

T. Lomo: The discovery of long-term potentiation. Philosophical Transactions of the Royal Society of London, Series B, 358 (2003) S. 617–620.

R. Lamprecht / J. LeDoux: Structural plasticity and memory. Nature Reviews Neuroscience 5 (2004) S. 45–54.

Das Ammonshorn, Tummelplatz der Prominenz

R. Q. Quiroga / L. Reddy / G. Kreiman / C. Koch / I. Fried: Invariant visual representation by single neurons in the human brain. Nature 435 (2005) S. 1102–1107.

R. Q. Quiroga / A. Kraskov / C. Koch / I. Fried: Explicit encoding of multimodal percepts by single neurons in the human brain. Current Biology 19 (2009) S. 1308–1313.

R. Mukamel / I. Fried: Human intracranial recordings and cognitive neuroscience. Annual Review of Psychology 63 (2012) S. 511–537.

Videodemonstration: http://www.youtube.com/watch?v=bqkUbiUkR5k

Ariadnefaden durch das Labyrinth der Erinnerungen

R. Q. Quiroga / G. Kreiman / C. Koch / I. Fried: Sparse but not ›Grandmother-cell‹ coding in the medial temporal lobe. Trends in Cognitive Sciences 12 (2007) S. 87–91.

R. Q. Quiroga: Concept cells: the building blocks of declarative memory functions. Nature Reviews Neuroscience 13 (2012) S. 587–597.

17. Ist Mona Lisa schön?

Leonardo da Vinci: Notebooks. Oxford World's Classics. Chapter IV. Oxford University Press: New York 2008. (Übersetzung der Zitate vom Autor.)

Blick in eine schöne Seele

I. Aharon / N. Ettcoff / D. Ariely / C. E. Chabris / E. O'Connor / H. C. Breiter: Beautiful faces have variable reward value: fMRI and behavioral evidence. Neuron 32 (2001) S. 537–551.

T. Dalgleish: The emotional brain. Nature Reviews Neuroscience 5 (2004) S. 582–589.

C. Di Dio / E. Macaluso / G. Rizzolatti: The golden beauty: brain response to classical and renaissance sculptures. PLoS ONE 2(11): e1201. doi:10.1371/journal. pone.0001201 (2007).

R. Adolphs: What does the amygdala contribute to social recognition. Annals of the New York Academy of Sciences 1191 (2010) S. 42–61.

J. S. Winston / J. O'Doherty / J. M. Kilner / D. I. Perret / R. J. Dolan: Brain systems for assessing facial attractiveness. Neuropsychologia 45 (2007) S. 195–206.

T. Tsukiura / R. Cabeza: Remembering beauty: roles of orbitofrontal and hippocampal regions in successful memory encoding of attractive faces. Neuroimage (2011) S. 653–660.

T. Ishizu / S. Zeki: Toward a brain–based theory of beauty. PLoS ONE 6 (7): e 21852. doi:10.1371/ journal. pone. 0021852 (2011).

18. Der Blick

A. Batki / S. Baron-Cohen / S. Wheelwright / J. Connelan / J. Ahluwalia: Is there a innate gaze module? Evidence from human neonates. Infant Behavior and Development 23 (2000) S. 223–229.

T. Farroni / G. Csibra / F. Simion / H. M. Johnson: Eye contact detection in humans from birth. Proceedings of the National Academy of Sciences 99 (2002) S. 9602–9605.

R. B. Adams / R. E. Kleck: Effects of direct and averted gaze on the perception of facially communicated emotion. Emotion 5 (2005) S. 3–11.

Blicke gehen unter die Schläfen

A. Puce / T. Allison / S. Bentin / J. C. Gore / G. McCarthy: Temporal cortex activation in humans viewing eye and mouth movements. Journal of Neuroscience 18 (1998) S. 2188–2199.

T. Allison / A. Puce / G. McCarthy: Social perception from visual cues: role of the STS region. Trends in Cognitive Sciences 4 (2000) S. 267–278.

Warum verfolgt uns Lisas Blick?

E. B. Goldstein: Spatial layout, orientation relative to the observer, and perceived projection in pictures viewed at an angle. Journal of Experimental Psychology: Human Perception and Performance 13 (1987) S. 256–266.

Blicke, die unter die Haut gehen

M. Bar / M. Neta / H. Linz: Very first impressions. Emotion 6 (2006) S. 269–278.

19. Das Lächeln
Lächeln ist Schokolade für das Gemüt

J. O'Doherty / E. T. Rolls / S. Francis / R. Bowell / F. McGlone / G. Kobal [u. a.]: Sensory-specific satiety-related olfactory activation of the human orbitofrontal cortex. Neuroreport 11 (2000) S. 399–403.

D. M. Small / R. J. Zatorre / A. Dagher / A. C. Evans / M. Jones-Gotman: Changes in brain activity related to eating chocolate: from pleasure to aversion. Brain 124 (2001) S. 1720–1733.

J. O'Doherty [u. a.]: Beauty in a smile: the role of medial orbitofrontal cortex in face attractiveness. Neuropsychologia 41 (2003) S. 147–155.

M. L. Kringelbach: The human orbitofrontal cortex: linking reward to hedonic experience. Nature Reviews Neuroscience 6 (2005) S. 691–701.

T. Tsukiura / R. Cabeza: Orbitofrontal and hippocampal contributions to memory for face-name associations: The rewarding power of a smile. Neuropsychologia 46 (2008) S. 2310–2319.

Gesichtsmimikri

T. M. Field / R. Woodson / R. Greenberg / D. Cohen: Discrimination and imitation of facial expression by neonates. Science 218 (1982) S. 179–181.

U. Dimberg / M. Thunberg / K. Elmehed: Unconscious facial reactions to emotional facial expressions. Psychological Science 11 (2000) S. 86–89.

R. W. Levenson / P. Ekman / W. V. Friesen: Voluntary facial action generates emotion-specific autonomic nervous system activity. Psychophysiology 27 (1990) S. 363–384.

T. W. Lee / O. Josephs / R. J. Dolan / H. D. Critchley: Imitating expressions: emotion specific neural substrates in facial mimicry. Social Cognitive and Affective Neuroscience 1 (2006) S. 122–135.

P. M. Niedenthal: Embodying emotion. Science 316 (2007) S. 1002–1005.

Ist Mona Lisas Lächeln echt?

Mécanisme de la physionomie humaine, ou analyse éléctro-physiologique de l'expression des passions, applicable à la pratique des arts plastiques. 1 volume and atlas of photographs (72) by Duchenne. Vve. J. Renouard: Paris 1862.

P. Ekman / R. J. Davidson / W. V. Friesen: The Duchenne smile: emotional expression and brain physiology II. Journal of Personality and Social Psychology 58 (1990) S. 342–353.

20. Auf der Suche nach dem Ich im Betrachter

B. J. Baars: A cognitive theory of consciousness. Cambridge University Press.: Cambridge 1988.

F. Crick / C. Koch: A framework of consciousness. Nature Neurosci 6 (2003) S. 119–126.

G. Tononi / C. Koch: The neural correlates of consciousness. Annals of the New York Academy of Sciences 1124 (2008) S. 239–261.

S. Dahaene / J.-P. Changeux: Experimental and theoretical approaches to conscious processing. Neuron 70 (2011) S. 200–227.

Personenregister

BAARS, BERNARD J. (geb. 1946 in Amsterdam, Niederlande), US-amerikanischer Bewusstseinsforscher. Er versteht den menschlichen Geist als ein Theater, in dem der auf die Bühne gerichtete Lichtkegel eines von der Aufmerksamkeit gelenkten Scheinwerfers das Bewusstsein repräsentiert (Global-Workspace-Theorie). 151

BALINT, RESZÖ (geb. 1874 in Budapest; gest. 1929 ebenda), Neurologe und Psychiater. Erstbeschreiber des nach ihm benannten Balint-Syndroms, der Unfähigkeit, die verschiedenen einzelnen Elemente, die eine visuelle Szene zusammensetzen, als Ganzes wahrzunehmen. 101–103

BLISS, TIMOTHY (geb. 1940 in England), Neurophysiologe. Entdeckte zusammen mit Terje Lomo das Phänomen der Langzeitpotenzierung im Hippocampus. 125

BODAMER, JOACHIM (geb. 1910 in Stuttgart; gest. 1985 ebenda), Arzt für Nerven- und Gemütskrankheiten, Erstbeschreiber der Prosopagnosie, d. h. der Unfähigkeit, Gesichter zu erkennen. 68

BOLL, CHRISTIAN (geb. 1849 in Neubrandenburg; gest. 1879 in Rom), Entdecker des Sehpurpurs in der Netzhaut des Auges. 21–23

CAJAL, SANTIAGO RAMÓN Y (geb. 1852 in Petilla de Aragón; gest. 1934 in Madrid), Neurohistologe, »Vater der modernen Neurowissenschaften«, erhielt 1906 Nobelpreis für Medizin in Anerkennung seiner Arbeiten zur Feinstruktur des Nervensystems, lieferte als erster den Beweis dafür, dass die Nervenzellen im Gehirn über synaptische Verbindungen miteinander in Kontakt stehen. 16–20, 124 f.

CRICK, FRANCIS (geb. 1916 in Northampton, England; gest. 2004 in San Diego, USA), Physiker, erhielt zusammen mit James Watson (*1928 in Chicago, Illinois) den Nobelpreis für die Aufklärung der DNA-Struktur, widmete sich in höherem Alter der Erforschung dessen, »was die Seele wirklich ist«. Francis war der Überzeugung, dass das Rätsel des menschlichen Geistes mit den Mitteln der Naturwissenschaften gelöst werden kann. 150

DAMÁSIO, ANTÓNIO R. (geb. 1944 Lissabon, Portugal), Neurologe, Bewusstseinsforscher, arbeitet an der University of Southern California, USA. 60

DESIMONE, ROBERT, Neuropsychologe. Direktor des McGovern Institute für Hirnforschung am Massachusetts Institute of Technology, einer der führenden Wissenschaftler auf dem Gebiet der visuellen Aufmerksamkeit und deren neuronalen Grundlagen. 98 f., 106, 114

DUCHENNE, GUILLAUME-BENJAMIN (geb. 1806 in Boulogne-sur-Mer; 1875 in Paris), französischer Neurologe, Erstbeschreiber der Duchenne'schen Muskeldystrophie. Unternahm elektromotorische Untersuchungen zur Gesichtsmimik wie etwa zur muskulären Mechanik des Lächelns.   146–149

FUSTER, JOAQUIN M. (geb. 1930 in Barcelona), Psychologe, Pionier in der Erforschung des visuellen Arbeitsgedächtnisses. Ihm gelang der elektrophysiologische Nachweis von reverberierenden (vgl. hier S. 108) Gedächtniszellen im Stirnhirn und in anderen Hirnregionen.   110 f.

FREIWALD, WINRICH, Professor an der Rockefeller-Universität, New York. Leiter des Labors für Neuronale Systeme, identifizierte zusammen mit Doris Y. Tsao die Komponenten des neuronalen Netzwerks, das sich mit der Erkennung von Gesichtern befasst.   85–89, 91

FRIED, ITZHAC, Neurochirurg. Direktor am Ronald Reagan UCLA Medical Center, Los Angeles, war zusammen mit dem Neuroinformatiker Christof Koch Entdecker der sogenannten »Konzept-Neuronen« in dem Teil des Schläfenlappens, der die Zentren des Langzeitgedächtnisses enthält. Diese Zellen reagieren nicht nur selektiv auf das Gesicht einer bestimmten Person, die Darstellung eines bestimmten Bauwerks oder eines Tieres, sondern werden auch dann aktiv, wenn lediglich der betreffende Name genannt wird oder auf dem Bildschirm erscheint.   128–131

GROSS, CHARLES (geb. 1936 in New York), Professor am Department für Psychologie der Princeton University, ihm gelang die Erstbeschreibung von Nervenzellen auf der Unterseite des Schläfenlappens, die selektiv auf komplexe visuelle Objekte wie Hände oder Gesichter antworten.   71–74, 98

HEBB, DONALD OLDING (geb. 1904 in Chester, Kanada; gest. 1985 ebenda), Psychobiologe, Professor an der McGill-Universität in Montreal.   124

HELMHOLTZ, HERMANN VON (geb. 1821 in Potsdam; gest. 1894 in Charlottenburg), Arzt und Physiker. Er führte den experimentellen Nachweis, dass es zur Erzeugung sämtlicher wahrgenommener Farben lediglich dreier Grundfarben bedarf (Drei-Farben-Theorie). Aus seiner Hand stammen die ersten Kurven der spektralen Empfindlichkeit dreier hypothetischer Netzhautelemente, deren Zusammenspiel die Abgrenzung einzelner Wellenlängenbereiche im sichtbaren Licht ermöglicht. Seine These, dass es nicht mehr als drei einfache Farbempfindlichkeiten sind, die dem Kopf die Welt bunt erscheinen lassen, wurde mit der Entdeckung der drei Sehfarbstoffe Jahre später zur Gewissheit.   96 f.

LEOPOLD, DAVID A., Leiter der Sektion Cognitive Neurophysiology am National Institute of Mental Health, Bethesda, USA, führte den experimentellen Nachweis, dass die Identifikation von Gesichtern auf der Basis eines inneren Normgesichtes erfolgt.   92

LOMO, TERJE (geb. 1935 in Alesund, Norwegen), entdeckte zusammen mit Timothy Bliss das Phänomen der Langzeitpotenzierung im Hippocampus.   125

LURIA, ALEXANDER ROMANOVICH (geb. 1902 in Kasan, Russland; gest. 1977 in Moskau), Neuropsychologe. Studierte die Auswirkungen von Hirnverletzungen auf Gedächtnisleistung, Aufmerksamkeit, Sprachvermögen und Intellekt.   108

MILNER, BRENDA (geb. 1918 in Manchester, England), Neuropsychologin, Gedächtnisforscherin, Mitarbeiterin des Neurochirurgen Wilder Penfield (1891–1976) in Montreal, erlangte Weltberühmtheit durch ihre Arbeiten über den kanadischen Patienten H. M., der nach der operativen Entfernung der Kontrollzentren des Langzeitgedächtnisses in beiden Schläfenlappen sein Erinnerungsvermögen verloren hatte.   117

MILNER, PETER M., Elektroingenieur, Neuropsychologe, Ehemann von Brenda Milner. Entdeckte zusammen mit James Olds (1922–1976) das Belohnungssystem im Gehirn der Ratte. Urheber der Idee, dass Nervenzellen, die sich zur Repräsentation einer Figur zu einem Ensemble zusammengeschlossen haben, im gleichen Takt feuern.   78, 81

MISHKIN, MORTIMER (geb. 1926 Fitchburg, Massachusetts, USA), Professor für Neuropsychologie am National Institute of Mental Health, Bethesda, USA, entdeckte zusammen mit Leslie Ungerleider, dass das Gehirn beim Erkennen von Objekten und bei deren räumlicher Einordnung getrennte Wege beschreitet.   58 f., 62 f., 71

NEWTON, ISAAK (geb. 1642 in Woolsthorpe Manor, England; gest. 1726 in London), englischer Physiker, Mathematiker und Astronom. Er bewies mit Hilfe eines Prismas, dass sich Sonnenlicht, obwohl es dem Auge weiß erscheint, aus den Farben des Regenbogens zusammensetzt und »dass die verschiedenen Strahlenarten, wenn sie sich mischen und kreuzen und an den gleichen Ort gelangen, nicht ihre Farbqualitäten ändern«, sondern dass »sich ihre Wirkungen in unserem Empfindungsorgan mischen und dort eine andere Wirkung hervorrufen, nämlich die Empfindung einer mittleren Farbe zwischen den einzelnen Farben« (J. Newton, *Opticks*. London 1704).   12

PENFIELD, WILDER (geb. 1891 Spokane, Washington; gest. 1976 in Montreal), Neurochirurg und Neuropsychologe, führte im Rahmen der Fokussuche bei Epilepsiepatienten zahlreiche Versuche zur funktionellen Anatomie des Gehirns durch. Deren populärstes Ergebnis ist der sogenannte Homunculus, die Projektion der Körperregionen auf die sensiblen und motorischen Areale der Hirn-oberfläche, eine kleine Statuette, die z. B. sehr große Hände oder Lippen hat (da diese Bereiche besonders sensibel sind). 117, 122

RIZZOLATTI, GIACOMO (geb. 1937 in Kiew, Ukraine), Professor für Physiologie an der Universität Parma, Italien, Leiter des Forscherteams, das die Spiegelneurone entdeckte, d. h. Nervenzellen, die zu feuern beginnen, wenn ein ihrer Funktion entsprechender Vorgang beobachtet wird. Er sucht gegenwärtig nach den neu-ronalen Grundlagen des ästhetischen Empfindens. 133

SACKS, OLIVER (geb. 1933 in London), Neurologe, Verfasser zahlreicher populärwis-senschaftlicher Bücher mit neurologischen Fallbeschreibungen. 123

SINGER, WOLF (geb. 1943 in München), Neurophysiologe, ehemaliger Direktor des Max-Planck-Institutes für Hirnforschung in Frankfurt. Er und seine Mitarbeiter haben entdeckt, dass die Nervenzellen von Netzwerken, deren Aktivität ein ge-meinsames Objekt repräsentiert, phasensynchron feuern, ähnlich wie es Peter Milner und Christoph von der Malsburg (*1942) aufgrund theoretischer Überle-gungen bereits vermutet hatten. 79

TSAO, DORIS (geb. 1975 Changzhou, China), Professorin der Biologie am California Institute of Technology, Pasadena, USA, entschlüsselte zusammen mit Winrich Freiwald die Architektur des Netzwerks, das für die Erkennung von Gesichtern zuständig ist. 45, 85–91

UNGERLEIDER, LESLIE, experimentelle Psychologin am National Institute of Mental Health, Bethesda, USA, entdeckte zusammen mit Mortimer Mishkin (*1926), dass das Gehirn beim Erkennen von Objekten und bei ihrer räumlichen Zuord-nung getrennte Wege beschreitet. 59, 61, 99

VON DER MALSBURG, CHRISTOPH (geb. 1942 in Kassel), Physiker, Neuroinformatiker, Professor am Frankfurt Institute for Advanced Studies, entwickelte die Idee vom dynamischen Zusammenschluss von Nervenzellen zu Ensembles, deren Aktivität komplexe Sinneseindrücke verkörpert. 79, 81

WIESEL, TORSTEN (geb. 1924 in Uppsala, Schweden), Neurophysiologe, Schüler von Steven Kuffler (1913–1980), wurde 1981 zusammen mit David Hubel (1926–2013) mit dem Medizin-Nobelpreis für seine Arbeiten zur Informationsverarbei-tung im visuellen System ausgezeichnet. 45–51, 54–57, 72 f.

ZEKI, SEMIR (geb. 1940 in der Türkei), Professor für Neurobiologie und Inhaber des Lehrstuhls für Neuroästhetik am University College London. 135 f., 150